宝石琢型设计及加工设备

主　编　陈炳忠
副主编　胡楚雁
　　　　练　锻
　　　　覃斌荣

BAOSHI ZHUOXING SHEJI
JI JIAGONG SHEBEI

中国地质大学出版社有限责任公司
ZHONGGUO DIZHI DAXUE CHUBANSHE YOUXIAN ZEREN GONGSI

图书在版编目(CIP)数据

宝石琢型设计及加工设备/陈炳忠主编. —武汉:中国地质大学出版社有限责任公司,2014.1(2020.5重印)

ISBN 978-7-5625-3319-1

Ⅰ.①宝…
Ⅱ.①陈…
Ⅲ.①宝石-设计②宝石-加工
Ⅳ.①TS933.3

中国版本图书馆 CIP 数据核字(2014)第 007550 号

宝石琢型设计及加工设备	陈炳忠	主　编
	胡楚雁　练　锻　覃斌荣	副主编

责任编辑:张　琰　周　华　　　　　　　　　　　　　　　责任校对:戴莹

出版发行:中国地质大学出版社有限责任公司(武汉市洪山区鲁磨路388号)
邮政编码:430074
电　话:(027)67883511　　传　真:67883580　　E-mail:cbb@cug.edu.cn
经　销:全国新华书店　　　　　　　　　　http://www.cugp.cug.edu.cn

开本:787毫米×960毫米 1/16	字数:322千字	印张:15.75
版次:2014年1月第1版	印次:2020年5月第5次印刷	
印刷:荆州市鸿盛印务有限公司	印数:4501-6500册	
ISBN 978-7-5625-3319-1		定价:45.00元

如有印装质量问题请与印刷厂联系调换

21世纪高等教育珠宝首饰类专业规划教材

编 委 会

主任委员：

朱勤文　中国地质大学(武汉)党委副书记、教授

委　　员(按音序排列)：

陈炳忠　梧州学院艺术系珠宝首饰教研室主任、高级工程师
方　泽　天津商业大学珠宝系主任、副教授
郭守国　上海建桥职业技术学院珠宝系主任、教授
胡楚雁　深圳职业技术学院副教授
黄晓望　中国美术学院艺术设计职业技术学院特种工艺系主任
匡　锦　青岛经济职业学校校长
李勋贵　深圳技师学院珠宝钟表系主任、副教授
梁　志　中国地质大学出版社社长、研究员
刘自强　金陵科技学院珠宝首饰系系主任、教授
秦宏宇　长春工程学院珠宝教研室主任、副教授
石同栓　河南省广播电视大学珠宝教研室主任
石振荣　北京经济管理职业学院宝石教研室主任、副教授
王　昶　广州番禺职业技术学院珠宝系主任、副教授
王弗锐　海南职业技术学院珠宝专业主任、教授
王娟鹃　云南国土资源职业学院宝玉石与旅游系主任、教授
王礼胜　石家庄经济学院宝石与材料工艺学院院长、教授
肖启云　北京城市学院理工部珠宝首饰工艺及鉴定专业主任、副教授
邢莹莹　华南理工大学广州汽车学院珠宝系
徐光理　天津职业大学宝玉石鉴定与加工技术专业主任、教授
薛秦芳　中国地质大学(武汉)珠宝学院职教中心主任、教授

杨明星　中国地质大学(武汉)珠宝学院院长、教授
　　张桂春　揭阳职业技术学院机电系(宝玉石鉴定与加工技术教研
　　　　　　室)系主任
　　张晓晖　北京经济管理职业学院副教授
　　张义耀　上海新侨职业技术学院珠宝系主任、副教授
　　章跟宁　江门职业技术学院艺术设计系系副主任、高级工程师
　　赵建刚　安徽工业经济职业技术学院党委副书记、教授
　　周　燕　武汉市财贸学校宝玉石鉴定与营销教研室主任

特约编委：
　　刘道荣　中钢集团天津地质研究院有限公司副院长、教授级高工
　　　　　　天津市宝玉石研究所所长
　　　　　　天津石头城有限公司总经理
　　王　蓓　浙江省地质矿产研究所教授级高工
　　　　　　浙江省浙地珠宝有限公司总经理

策　划：
　　梁　志　中国地质大学出版社社长
　　张晓红　中国地质大学出版社副总编
　　张　琰　中国地质大学出版社教育出版中心主任

改版说明

——记庐山全国珠宝类专业教材建设研讨会之共识

中国地质大学出版社组织编写和出版的"高职高专教育珠宝类专业系列教材"从2007年9月面世至今已经过去三年。为了全面了解这套教材在各校的使用情况及意见，系统总结编写、出版、发行成果及存在问题，准确把握我国珠宝教育教学改革的新思路、新动态、新成果，中国地质大学出版社在深入各校调研的基础上，发起了召开"全国珠宝类专业课程建设研讨会"的倡议，得到各校专家的广泛响应。2010年8月10日～13日，来自全国27所大中专院校的48位珠宝教育界专家汇聚江西庐山，交流我国珠宝教育成果，研讨课程设置方案，并就第一版教材存在的问题、新版教材的编写方案等达成以下共识。

一、第一版教材存在的问题及建议

按照2005、2006年商定的编写和出版计划，"高职高专教育珠宝类专业系列教材"共组织了十多所院校的专家参加编写，计划出版20本，实际出版12本，从而结束了高职高专层次珠宝类专业没有自己的成套教材的历史。在编写、出版、发行过程中存在的主要问题是：

（1）整套教材在结构上明显失衡，偏重宝玉石加工与鉴定，首饰设计、制作工艺、营销和管理方面的教材比重过小。已经出版的12本教材中，属于宝石学基础、宝玉石鉴定方面占2/3，而属于设计、制作工艺、管理及营销方面的只占1/3，不能满足当前珠宝首饰类专业人才培养的需要。造成这种状况的一个重要原因是，编委会所组织的参编学校中，结晶学、矿物学、岩石学基础普遍较好，宝石加工、鉴定力量较强，而作为首饰设计、制作工艺基础的艺术学基础和作为经营管理基础的管理学相对薄弱。因此建议在改版时加强薄弱环节,并补充急需的教材选题。

(2)编写计划在各校实施不平衡,金陵科技学院、安徽工业经济职业学院、上海新侨学院、上海建桥学院等院校较好地完成了预定编写计划。但有些学校由于各种原因,计划实施得并不顺利,有些学校甚至一本都没有完成。造成有些用量很大而极其重要的教材至今仍然没有出来,影响了正常的教学需要。因此建议改版时将这些选题作为重点重新配备编写力量,以保证按时出版。

(3)或多或少都存在着内容重复或缺失现象。调查发现,有的内容多本教材涉及,但又都没交代清楚,感觉不够用;而有的重要内容,相关教材都未涉及。造成这种状况的一个重要原因是,主编单位由编委会指定,既没有发动各校一起讨论编写大纲,也没有组织编委会审稿,主要由主编依据本校教学要求编写定稿,无法充分考虑其他学校的基本要求和吸收各校的教学成果。因此建议加强各校之间的交流,改版时主编单位拟好编写大纲后要广泛征求使用单位的意见,编委会要对大纲和初稿审查把关,以确保编写质量。

二、新版教材的编写方案

(1)丛书名称改为"21世纪高等教育珠宝首饰类专业规划教材",以适应服务目标的变化。第一版的目标定位是以满足高职高专教育珠宝类专业教学需要为主,兼顾中职中专珠宝教育及珠宝岗位培训需要。当时根据高职高专教育主要培养高技能人才的目标要求,提出了五项基本要求:以综合素质教育为基础,以技能培养为本位;以社会需求为基本依据,以就业需求为导向;以各领域"三基"为基础,充分反映珠宝首饰领域的新理念、新知识、新技术、新工艺、新方法;以学历教育为基础,充分考虑职业资格考试、职业技能考试的需要;以"够用、管用、会用"为目标,努力优化、精炼教材内容。

这几年,珠宝教育有了比较大的变化,社会对珠宝人才的需求也有变化,其中上海建桥学院、南京金陵学院、梧州学院等院校已经升为本科,原来的目标定位和编写要求已经不合适。为此,编委会经过认真研究,决定将丛书名改为"21世纪高等教育珠宝首饰类专业规划教材",以适应培养珠宝首饰行业各类应用人才的需要,同时兼顾中职中专及岗位培训的需要。在内容安排上,要反映珠宝行业的新发展和珠宝市场的实际需求,要反映新的国家标准,要突出实际操作和应用能力培养的需求。

(2)调整和充实编委会,明确编委会职责,增强编委会的代表性和权威性。与会代表建议,在原有编委会组成人员的基础上,广泛吸收本科院校、企业界的专家参与,进一步充实编委会,增强其权威性。在运作上,可以分成两个工作组,一个主要面向研究型人才培养的,一个主要面向应用型人才培养的。编委会的主要职责是:①拟定编写和出版计划、规范、标准等,为编写和出版提供依据;②确定主编和参编单位,审定编写大纲,落实编写和出版计划;③审查作者提交的稿件,把好业务质量关;④监督教材编辑出版进程,指导、协调解决编辑出版过程中的业务问题。

(3)按照分批实施、逐步推进的思路确定新的编写计划。编委会计划用三年时间构建一个"21世纪高等教育珠宝首饰类专业规划教材"体系,整个体系由基础、鉴定、设计、加工、制作、经营管理、鉴赏等模块组成,每个模块编写3~6门主干课程的教材,共计编写、出版教材32种。与原来的体系相比,新体系着重加强了制作(8种)、设计(4种)、经营管理(4种)等模块的分量,并增列了文化与鉴赏方面的教材。会上,按照整合各校优势、兼顾各校参编积极性的原则,建议每种教材由1~2所学校主编,其他学校参编;基础好的学校每校可以主编2~3种教材,参编若干种。

编写出版的进度安排:2010年底前完成编写大纲的修订、定稿工作,确定每个年度的编写和出版计划,修编出版珠宝英语口语等选题;2011年秋季参编宝石学基础、贵金属材料及首饰检验、首饰设计与构思、翡翠宝石学基础、首饰制作工艺、珠宝首饰营销基础、首饰评估实用教程、钻石及钻石分级、宝石鉴定仪器与鉴定方法等；其他品种2011年着手编写/修编，争取2012年秋季出版。

三、固化会议形式，建立固定交流平台

与会专家认为，随着珠宝行业的快速发展，我国珠宝教育有了长足的进步，开办珠宝首饰类专业的学校也越来越多，但是由于业界没有一个共同的交流平台，相互之间缺乏沟通，无法相互取长补短，共同提高。这次中国地质大学出版社牵头，把相关学校召集在一起交流经验，探讨专业建设和教材建设大计，为我们搭建了很好的平台，意义非凡而深远，为珠宝教育界做了一件大好事，由衷地感谢中国地质大学出版社，同时也希望中国地质大学整合珠宝学院和出版社的力量，牵头建立全国性的珠宝教育研究组织，作为全国珠宝教育界联系和交流的平台，每1～2年召开一次会议，承办单位和地点，可以采取轮流坐庄的办法，由会员单位提出申请，理事会确定。

《21世纪高等教育珠宝首饰类专业规划教材》编委会

2010年7月6日于武汉

前　言

大自然的矿物岩石两千多种，世界已发现和开采的宝玉石和彩石约600多种，它们具有美观、耐久、稀少的特征，还具备收藏、艺术、货币、保健的价值，是大自然给予人类的珍贵财富。从自然界开采回来的宝玉石或多或少存在缺陷，只有经过能工巧匠的精心设计、精雕细琢才能展现其精美。

广西梧州市从1985年开始发展宝石加工，现在年产量达120亿粒，约占国内总产量的95%，世界总量的85%，合成立方氧化锆材料用量约每年6 000吨，号称"世界人工宝石之都"。随着珠宝玉石国家标准和人工宝石梧州行业标准的制定，梧州市在宝石琢型设计及加工领域取得了可喜成就：在宝石琢型设计及产品开发方面已积累约两千多个品种；加工工艺及设备研发也进入了数控技术的高新领域，以3mm的圆形宝石为例，1990年每人每天加工60粒，现在每人每天可加工5万粒。

本书以宝玉石原材料加工特点、宝石琢型基本知识和加工方法为核心，同时兼顾宝石设计、加工工艺与加工设备等方面的知识，由浅入深，图文并茂，在满足高等院校教学要求的前提下，以期能适应不同层次读者需要。通过对本书的学习，读者不但能掌握宝石的加工方法及技巧，而且对宝石设计、加工工艺及加工设备有比较全面的了解。

本书收集了大量的宝石加工工具及设备资料及图片，其中不少工具、设备已申请国家专利。基本上能体现出"世界人工宝石之都"的加工水平、加工设备及加工技术。

本书共分十一章,其中第一章由胡楚雁博士编写;第二章、第四章至第八章由陈炳忠编写;第三章由练锻编写;第九章由陈炳忠、练锻联合编写;第十章、第十一章由覃斌荣编写,数控单摆机资料由黄永庆教授提供。全书由陈炳忠负责修改、整理。

本书编写过程中,陈丹枫、李东英负责全书排版设计,汤程芳老师负责部分宝石、矿物及设备的拍照工作,在此一并表示衷心感谢。

编者

2013 年 10 月

目　　录

第一章　宝玉石材料选购及加工特点 (1)
- 第一节　宝石加工的基础知识 (1)
- 第二节　五大名贵宝石材料 (5)
- 第三节　常见天然宝石材料 (18)
- 第四节　常见天然玉石 (38)
- 第五节　常见天然有机宝石 (53)
- 第六节　常见人工宝石 (58)
- 课后思考题 (67)

第二章　宝玉石绘图基本知识 (69)
- 第一节　国家制图标准介绍 (69)
- 第二节　绘图工具的用法 (74)
- 第四节　宝玉石设计常用的几何作图 (77)
- 第三节　宝玉石常见的腰围画法 (78)
- 第四节　利用CoreldrawX4绘制标准圆钻形 (84)
- 课后思考题 (90)

第三章　宝石琢型设计 (91)
- 第一节　计算机辅助设计 (91)
- 第二节　宝石琢型设计 (122)
- 课后思考题 (139)

第四章　宝玉石加工常用磨料及磨具 (140)
- 第一节　磨料 (140)
- 第二节　磨具 (144)
- 课后思考题 (148)

第五章　宝石材料的切割 (149)
- 第一节　宝石材料的切割机理 (149)
- 第二节　宝玉石材料切割方法 (151)
- 课后思考题 (156)

第六章　宝玉石石坯定型 (157)
　　第一节　单粒宝石定型设备及原理 (157)
　　第二节　批量生产宝石石坯的定型设备及原理 (160)
　　第三节　三种宝石石坯的机械化生产实例 (164)
　　课后思考题 (168)

第七章　宝石石坯抛光 (169)
　　第一节　宝石石坯抛光原理及设备 (169)
　　第二节　宝石石坯台面质量分析 (173)
　　课后思考题 (173)

第八章　宝石粘接与清洗 (174)
　　第一节　循环使用宝玉石粘胶 (174)
　　第二节　一次性宝石粘胶 (178)
　　第三节　宝玉石清洗方法 (179)
　　第四节　刻面宝石自动粘反石机 (180)
　　课后思考题 (183)

第九章　刻面宝石刻磨抛光 (184)
　　第一节　硬质材料的加工机理 (184)
　　第二节　刻面宝石的加工设备 (187)
　　第三节　宝石加工中的辅助材料 (221)
　　第四节　千禧工加工工艺及设备 (222)
　　课后思考题 (224)

第十章　弧面、珠形宝石的加工 (225)
　　第一节　素面形和链珠形宝石品种 (225)
　　第二节　加工设备及工艺 (226)
　　第三节　珠形宝石的钻孔 (227)
　　第四节　内孔抛光技术 (228)
　　课后思考题 (228)

第十一章　宝石加工的质量分析 (229)
　　第一节　常见的产品缺陷及成因 (229)
　　第二节　宝石的质量检验 (235)
　　课后思考题 (238)

参考文献 (239)

第一章　宝玉石材料选购及加工特点

市场上常见的珠宝玉石加工流程是接到加工订单先采购原材料,再根据原材料特点进行设计加工。不同的宝石品种其加工工艺和设备不相同,随着加工水平和加工设备的精度不断提高,宝石加工粒径最小已可达到 0.8mm,有效推动了首饰微镶工艺的发展。宝玉石的加工成本在很大程度上取决于宝玉石材料的品质,所以在接订单时必须掌握宝石加工的基础知识。

第一节　宝石加工的基础知识

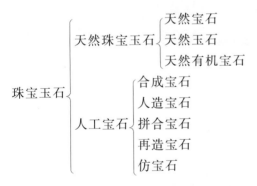

一、珠宝玉石定义

1. 天然珠宝玉石

由自然界产出,具有美观、耐久、稀少性,具有工艺价值,可加工成装饰品的物质统称为天然珠宝玉石。

2. 天然宝石

由自然界产出,具有美观、耐久、稀少性,可加工成装饰品的单晶体(可含双晶)(图 1-1～图 1-3)。

3. 天然玉石

由自然界产出,具有美观、耐久、稀少性和工艺价值的矿物集合体,少数为非晶

图1-1　红宝石　　　　　图1-2　钻石　　　　　图1-3　蓝宝石

质体(图1-4～图1-6)。

图1-4　翡翠　　　　　图1-5　羊脂玉　　　　　图1-6　岫玉

4. 天然有机宝石

由自然界生物生成,部分或全部由有机物质组成可用于首饰及装饰品的材料统称为天然有机宝石(图1-7～图1-9)。

图1-7　红珊瑚　　　　　图1-8　象牙　　　　　图1-9　琥珀

5. 人工宝石

完全或部分由人工生产或制造用作首饰及装饰品的材料统称为人工宝石。

6. 合成宝石

合成宝石是指完全或部分由人工制造且自然界有已知对应物的晶质或非晶质体,其物理性质、化学成分和晶体结构与所对应的天然珠宝玉石基本相同(图1-10~图1-14)。

图1-10 合成祖母绿

图1-11 合成蓝宝石

图1-12 合成欧泊

图1-13 合成立方氧化锆

图1-14 合成黄晶

7. 人造宝石

由人工制造且自然界无已知对应物的晶质或非晶质体称人造宝石。

8. 拼合宝石

由两块或两块以上材料经人工拼合而成,且给人以整体印象的珠宝玉石称拼合宝石,简称拼合石(图1-15、图1-16)。

9. 再造宝石

通过人工手段将天然珠宝玉石的碎块或碎屑熔接或压结成具整体外观的珠宝玉石称为再造宝石(图1-17、图1-18)。

10. 仿宝石

用于模仿天然珠宝玉石的颜色、外观和特殊光学效应的人工宝石以及用于模

图 1-15　仿钻中钻拼合石　　　　图 1-16　拼合宝石

图 1-17　再造琥珀(一)　　　　图 1-18　再造琥珀(二)
　　　　　　　　　　　　　　　　　　（再造虫珀）

仿另外一种天然珠宝玉石的人工宝石称为仿宝石(图 1-19～图 1-21)。

图 1-19　无色玻璃　　　图 1-20　绿色玻璃　　　图 1-21　粉红色玻璃

二、宝石的命名及命名原则

宝玉石一般须根据其颜色、特殊光学效应、岩石名称、俗称、人名、地名、加工工艺等要素进行命名,各类宝玉石命名原则如下。

(1)玉石材料须在主要组成物质名称后加"玉"字,如蛇纹石玉、阳起石玉等。

(2)具有特殊光学效应的须将光效名称放在宝石的前面或后面,如星光红宝石、石英猫眼等。

(3)天然宝玉石命名时,在基本名称前无须加"天然"二字,如金绿宝石、红宝石、翡翠等。

(4)合成、人造、再造宝石须在宝石前面加上相应字样,如果前面不加就意味着都是天然的,如合成红宝石、再造琥珀、人造水晶等。

(5)拼合宝石须在材料名称后加"拼合石"字样,如红宝石拼合石等。

(6)经优化的宝玉石可直接使用原名称,优化方法不须反映在名称中,如经过热处理的红宝石可直接定名为红宝石。

(7)经处理后的宝玉石须在基本名称后加"(处理)"字样,如经过染色处理的红宝石,定名为红宝石(处理)。

第二节　五大名贵宝石材料

一、钻石

钻石是宝石级金刚石,它具有高硬度、高折射率、强光泽、色散强、不易磨损与光彩璀璨等特征,被誉为"宝石之王"。

1. 特性

宝石名称	钻石
化学成分	C
矿物名称	金刚石
折射率	2.417
双折射率	无
轴性、光性	均质体
相对密度	3.52
摩氏硬度	10

续上表

光泽	金刚光泽
解理和断口	平行方向四组完全解理
晶系	等轴晶系
吸收光谱	415nm,453nm,478nm 吸收线,594nm 吸收线

2. 晶体外形及结晶习性

钻石属于等轴晶系,常见的晶体形态为八面体、菱形十二面体、立方体晶型等,晶面常有球面形态。自然界产出的钻石晶体常常有畸变而呈歪晶的特征(图1-22、图1-23)。

图1-22 钻石晶体

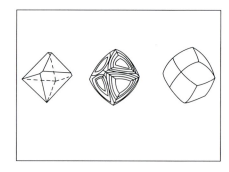

图1-23 钻石晶形

3. 包裹体特征

钻石晶体的内含物中没有气态或液态包裹体,常常含有其他矿物的小晶体,如金刚石、石墨、橄榄石、镁铝榴石等(图1-24、图1-25)。

4. 原料主要产地

印度是最早的金刚石来源地,目前全世界有27个国家有钻石矿床,主要集中在扎伊尔、澳大利亚、加拿大、博茨瓦纳、原苏联等国家。

5. 常见颜色

钻石按颜色的有无分为白钻和彩钻两大类。无色包括微黄、微褐、微灰色,彩色包括紫色、橙色、绿色、酒黄色、蓝色、黑色。钻石一般无色透明略带微黄色,无色透明略带蓝色的钻石价值最高。而带深蓝色、金黄色、红色、绿色的彩色钻石一般价值高于白钻(图1-26、图1-27)。

6. 目前市场参考价格

一般钻石原石按照切割后所得的成品钻石大小作为定价依据。钻石是综合4

图1-24 钻石晶体固态包裹体

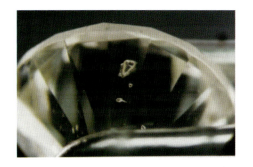
图1-25 钻石晶体可见晶形包体

图1-26 无色钻石

图1-27 彩色钻石

个方面来定价的,即克拉质量(Carat)、净度(Clarity)、色泽(Color)、切工(Cut),这又叫做钻石定价的4C标准。其中每个方面都有相应的等级划分。如市面上一颗4.09ct I 色 SI_2 3EX 裸石圆钻钻石的价格被定为 433 376 元人民币。钻石的切工是4C定价当中惟一由人为因素决定的,钻石的切工会造成其他同样颜色净度的钻石近30%的价格差异。除此之外,商家品牌也是影响钻石价格的一个重要因素。

7. 相似宝石

与钻石相似的可能代用品分为三类:第一类如氧化锆、GGG等,其光学性质、色散都与钻石相似,并都无双折射率;第二类如锆石、人造金红石等,有双折射率,可区别于钻石;第三类如水晶和无色蓝宝石等,其折光率、导热性不同于钻石。

二、红宝石

红宝石属于刚玉矿物,是指因含有铬元素而呈现出红色的宝石级刚土。根据氧化铬含量颜色有深有浅,"鸽血红"红宝石氧化铬含量为2%。

1. 特性

宝石名称	红宝石
化学成分	Al_2O_3(含 Cr,Fe,Ti)
矿物名称	刚玉
折射率	1.762~1.770
双折射率	0.008~0.010
轴性、光性	一轴晶负光性
相对密度	3.99~4.00
摩氏硬度	9
光泽	玻璃光泽至亚金刚光泽
解理和断口	无解理/贝壳状至参差状断口
晶系	三方
吸收光谱	694nm,692nm,668nm,659nm 吸收线,620~540nm 吸收带,476nm,475nm 强吸收线,468nm 弱吸收线,紫光区吸收
特殊光学效应	星光效应、猫眼效应(稀少)

2. 晶体外形及结晶习性

红宝石是三方晶系,呈六边形柱形、桶状或者板状晶体,也可呈六方双锥状晶体,多呈板状晶体(图1-28~图1-29)。常见百叶窗式双晶纹、横纹和三角形生长标志。对于晶形不完整的原石,可依据这些特征判断晶体方位。

  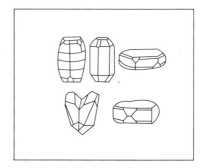

图1-28 红宝石晶体　　　　　　图1-29 红宝石晶形

3. 包裹体特征

红宝石的特征包裹体有丝状物、针状包体、气液包体、指纹状包体、雾状包体、负晶、晶体包体、生长纹、生长色带、双晶纹等(图1-30)。世界不同产地的红宝石包裹体会有一些产地特征,如缅甸的红宝石可能有针状金红石、六射星光石。

4. 原料主要产地

世界上许多国家的不同地区产红宝石,著名的产地主要有泰国、缅甸、斯里兰卡、阿富汗、肯尼亚、原苏联、巴基斯坦等,我国云南等省也有一定的红宝石产出。

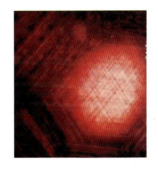

图1-30 红宝石解理面

5. 常见颜色

红宝石常呈红色、橙红色、紫红色、褐红色(图1-31~图1-35)。

图1-31 红色红宝石

图1-32 桃红色红宝石

图1-33 紫红色红宝石

图1-34 鸽血红星光红宝石

图1-35 褐红色红宝石

6. 目前市场参考价格

市面上有一粒颜色为酒红色,尺寸 8.47mm×7.50mm×4.48mm,切工 VG(很好),重 2.5ct 的红宝石被定价为 104 000 元人民币。

7. 相似宝石

与红宝石相似的宝石有红色石榴石、红色尖晶石、红色碧玺、红色锆石、红色托帕石、红色绿柱石等;人工宝石有红色玻璃、合成立方氧化锆等。

三、蓝宝石

蓝宝石与红宝石同属于刚玉类宝石,除红宝石外,其他各种颜色的刚玉宝石都统称为蓝宝石,狭义的蓝宝石一般专指含铁、钛元素而呈现蓝色的宝石级刚玉,即蓝色蓝宝石。

1. 特性

宝石名称	蓝宝石
化学成分	Al_2O_3
矿物名称	刚玉
折射率	1.762~1.770
双折射率	0.008~0.010
轴性、光性	一轴(一)
相对密度	4.00
摩氏硬度	9
光泽	玻璃至亚金刚光泽
解理和断口	无解理/贝壳状断口,双晶发育的宝石可显三组裂理
晶系	三方晶系
吸收光谱	蓝色、绿色、黄色:450nm 吸收带或 450mm,460nm,470nm 吸收线
特殊光学效应	变色效应、星光效应

2. 晶体外形及结晶习性

蓝宝石多呈桶状晶体(图 1-36~图 1-39)。

3. 包裹体特征

蓝宝石的特征包裹体有色带、指纹状包体,负晶,气液两相包体,针状包体,雾状、丝状包体,固体矿物包体,双晶纹等(图 1-40)。

4. 主要产地

蓝宝石主要产于泰国、斯里兰卡、缅甸、澳大利亚、柬埔寨、越南、中国山东等地。

图 1-36　蓝宝石原石　　　　图 1-37　蓝宝石晶形

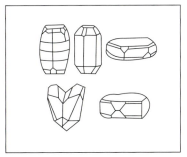

图 1-38　蓝宝石晶体原石形　　　　图 1-39　蓝宝石晶形

图 1-40　蓝宝石包裹体

5.常见颜色

蓝宝石常见蓝色、绿色、黄色、橙色、粉色、紫色、黑色、灰色、无色、变色等（图 1-41～图 1-51）。

图1-41 黄色蓝宝石

图1-42 橘红色蓝宝石

图1-43 橙黄色蓝宝石

图1-44 深黄色蓝宝石

图1-45 蓝色蓝宝石

图1-46 香槟色蓝宝石

图1-47 无色蓝宝石

图1-48 素面蓝色蓝宝石

图1-49 蓝宝石猫眼

6. 目前市场参考价格

市面上一颗8.86ct的斯里兰卡蓝宝石裸石被定价为221 500元人民币。

7. 相似宝石

与蓝宝石相似的宝石品种主要有蓝色锆石、蓝色托帕石、海蓝宝石、蓝色碧玺、蓝色尖晶石、蓝色蓝晶石；人工宝石有蓝色玻璃、合成氧化锆等。

图 1-50　浅绿色蓝宝石　　　　　　　　图 1-51　蓝宝石首饰

8. 红宝石、蓝宝石加工设计

透明无包裹体的红、蓝刚玉加工成刻面形宝石;半透明至不透明的刚玉加工成凸面形或随意弧面形;具有猫眼效应或星光效应的刚玉应加工成凸面形,且定向排列的包裹体应平行凸面形的底平面,底部磨砂则避免光线从底部漏光。对颜色不均匀含有色斑、色块的刚玉材料,把色斑、色块放在宝石亭部、底尖或中心,宝石的颜色更佳;对颜色较深的刚玉材料加工成薄凸面形或薄刻面形能显示出宝石颜色。

四、祖母绿

祖母绿是一种很有历史渊源的宝石。它的化学名称是铍铝硅酸盐($Be_3Al_2Si_6O_{18}$),属绿柱石家族。纯净的绿柱石一般为无色透明,含有不同的呈色元素,如铬、铁、钛、锰等,其中含有铬元素的绿柱石可以呈现非常漂亮的绿色,这种宝石即为珍贵的祖母绿。在市场上,优质的祖母绿价格甚至高于钻石。

1. 特性

宝石名称	祖母绿
化学成分	$Be_3Al_2Si_6O_{18}$
矿物名称	绿柱石
折射率	1.56~1.59
双折射率	0.004~0.009
轴性、光性	一轴晶(－)

续上表

相对密度	2.7～2.9
摩氏硬度	7.5～8
光泽	玻璃光泽
解理和断口	一组不完全解理/参差状至贝壳状断口
晶系	三方/六方晶系
吸收光谱	683nm 和 680nm 强吸收
特殊光学效应	猫眼效应、星光效应(稀少)

2. 晶体外形及结晶习性

祖母绿为六方晶系,常呈六方柱状,柱面常见平行于晶体长轴的纵纹和长方形蚀纹,并且常见于垂直于主体的解理上(图 1-52～图 1-53)。

图 1-52 祖母绿原石

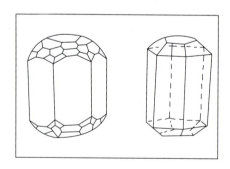

图 1-53 祖母绿晶形

3. 包裹体特征

祖母绿包裹体主要有三相包体(气液固体)、两相包体(气液)、矿物包体,如方解石、石英、云母、赤铁矿、碧玺等(图 1-54、图 1-55)。

第一章　宝玉石材料选购及加工特点 · 15 ·

图 1-54　祖母绿碳质包体

图 1-55　祖母绿方解石包体

4. 原料主要产地

祖母绿的主要产地有哥伦比亚、巴西、俄罗斯、澳大利亚、津巴布韦、尼日利亚、原苏联、奥地利、埃及、赞比亚、马达加斯加、挪威、巴基斯坦、印度、南非、中国等,其中以哥伦比亚的祖母绿品质最佳。

5. 常见颜色

祖母绿常见浅至深的绿色、蓝绿色,黄绿色(图 1-56)。

6. 目前市场参考价格

市面上一颗 2.702ct 祖母绿裸石定价为 864 640 元人民币,单价达 320 000 元/ct。

7. 相似宝石

与祖母绿相似的宝石品种有铬透辉石、绿色碧玺、绿色石榴石、绿色锆石、绿色蓝宝石与绿色萤石等。

8. 加工特点

透明无包裹体的绿柱石加工刻面形宝石,根据材料形状的特点设计祖母绿

图 1-56　浅绿色祖母绿

形、圆形、蛋形、梨形等形状,目的是最大限度地保存重量。出现猫眼或星光效应的材料设计同红、蓝刚玉。祖母绿是脆性材料,砂盘刻磨时注意水冷却,抛光时注意控制力的大小和抛光触盘时间,避免产生裂纹。

五、金绿宝石

金绿宝石以特有的黄绿色和特殊光学效应而得名,其中具有猫眼效应的金绿

宝石称为猫眼,具有变色效应的金绿宝石称为变石。

1. 特性

宝石名称	金绿宝石
化学成分	$BeAl_2O_4$
矿物名称	金绿宝石
折射率	1.746～1.755
双折射率	0.009
轴性、光性	二轴(+)
相对密度	3.73
摩氏硬度	8～8.5
光泽	玻璃至亚金刚光泽
解理和断口	三组不完全解理/贝壳状断口
晶系	斜方晶系
吸收光谱	445nm强吸收带
特殊光学效应	猫眼效应、变色效应、星光效应

2. 晶体外形及结晶习性

金绿宝石为斜方晶系,常呈板状、柱状或者假六方的三连晶,晶体底面上常有条纹(图1-57、图1-58)。

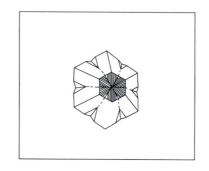

图1-57　金绿宝石晶体　　　图1-58　金绿宝石晶形

3. 包裹体特征

金绿宝石常见指纹状包裹体,丝状包体,双晶纹,阶梯状的生长面,三组不完全的解理等(图1-59)。

4. 原料主要产地

金绿宝石的主要产地有斯里兰卡、俄罗斯、印度、马达加斯加、津巴布韦、赞比

图 1-59 金绿宝石包裹体

业、缅甸、中国的新疆、四川、福建等地区。

5. 常见的颜色

金绿宝石常呈浅色至中黄、黄绿、灰绿、褐色、浅蓝色(图 1-60、图 1-61)。

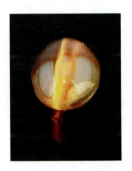 

图 1-60 圆形金绿宝石猫眼　　　　图 1-61 蛋形金绿宝石猫眼

6. 目前市场参考价格

市场上一颗重 8.92ct 的金绿宝石戒面裸石,尺寸 12.0mm×12.0mm×8.00mm,售价为 28 544 元人民币,单价约 3 200 元/ct。而一颗 3.56ct 具有变色效应的金绿猫眼裸石售价为 29 800 元人民币。

7. 相似宝石

与金绿宝石相似的宝石品种比较多,如橄榄石、蓝宝石、尖晶石、锆石、托帕石、水晶、绿柱石等。与猫眼相似的宝石有石英猫眼、碧玺猫眼、绿柱石猫眼、长石猫眼等。具有变色效应与变石相似的宝石有变色石榴石、变色尖晶石、变色蓝宝石等。

8. 加工设计

透明无包裹体的金绿宝石和变石加工刻面形,具体形状以材料的形状及大小决定,以保重为主,具有猫眼效应和变色效应的金绿宝石加工弧面形,为了保重设计时采用双凸形。

第三节　常见天然宝石材料

一、锆石

锆石具有高折射率、强色散而显得光芒璀璨,无色的锆石常常被用做钻石的替代品。

1. 特性

宝石名称	锆石
化学成分	$ZrSiO_4$
矿物名称	锆石
折射率	1.92～2.01,低型锆石:1.78～1.84
双折射率	高型锆:0.059,低型锆石:无
轴性、光性	二轴(＋)
相对密度	3.87～4.30
摩氏硬度	3～4
光泽	强玻璃光泽至亚金刚光泽
解理和断口	参差状至贝壳状断口,两组完全解理
晶系	正方晶系
吸收光谱	具有 2～40 多条吸收线,其中 653.5nm 和 660nm 是锆石的特征吸收线
特殊光学效应	猫眼效应

2. 晶体外形及结晶习性

锆石为四方晶系,晶体常呈四方双锥状、柱状、板柱状等(图 1-62～图 1-65)。

3. 包裹体特征

包裹体常见有愈合裂痕,矿物包体,絮状包体,刻面棱重影明显。

4. 原料主要产地

主要产地有泰国、斯里兰卡、缅甸、法国、挪威、英国等。

5. 常见颜色

锆石常见颜色有无色、蓝色、绿色、黄色、橙色、红色、紫色等。

  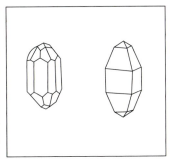

图 1-62　锆石晶体　　　图 1-63　锆石原石　　　图 1-64　锆石晶形

6. 目前市场参考价格

市面上一颗纯天然澳大利亚锆石裸石重 5.87ct、尺寸 10.2mm×8mm×7mm，售价 3 580 元人民币。

7. 相似宝石

与锆石相似的宝石有石榴石、金绿宝石等，可以从特征谱线、密度、刻面棱重影等几个方面区别开来。

8. 加工设计

图 1-65　锆石

透明无包裹体的锆石材料加工刻面形宝石。锆石折射率高、色散强，是仿钻的代用品，设计标准钻式琢型，加工出的"八心八箭"达到钻石的效果。

二、石榴石

石榴石因颜色像石榴籽而得名，在古代中国俗称为"紫牙乌"，具有高折射率、强玻璃光泽和美丽璀璨的颜色，深受人们喜爱。

1. 特性

宝石名称	石榴石
化学成分	$A_3B_2(SiO_4)_3$
矿物名称	石榴石
折射率	1.714～1.830
双折射率	无
轴性、光性	均质体

续上表

相对密度	3.50~4.30,不同品种石榴子石的相对密度不同
硬度	7~8
光泽	玻璃光泽至亚金刚光泽
解理和断口	无
晶系	等轴晶系
吸收光谱	镁铝榴石:564nm宽吸收带,505nm吸收线,含铁者可有440nm,445nm吸收线,优质铁铝榴石可有铬吸收(红区)。铁铝榴石:504nm,520 nm,573nm强吸收带,423 nm,460 nm,610 nm,680 nm~690 nm弱吸收线。锰铝榴石:410nm,420nm,430nm吸收线,460nm,480nm,520nm吸收带,有时可有504nm,573nm吸收线。钙铝榴石:铁致色的贵榴石可有407nm,430nm吸收带。钙铁榴石、翠榴石:440nm吸收带,也可有618nm,634nm,685nm吸收线

2. 晶体外形及结晶习性

石榴石为等轴晶系,晶体多为菱形十二面体、四角三八面体等(图1-66~图1-69)。

图1-66 石榴石晶体

图1-67 石榴石原石

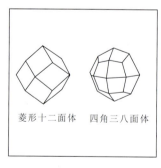

图1-68 石榴石晶形

图1-69 石榴石原矿

3. 包裹体特征

不同种类的石榴石根据元素不同所形成的包裹体特征也不同。镁铝榴石：具针状包体，不规则和浑圆状晶体包体。铁铝榴石：针状包体通常很粗。锰铝榴石：具波浪状、不规则和浑圆晶体包体。钙铝榴石：短柱或者浑圆状晶体包体及热波效应。钙铁榴石：马尾状包体(图 1-70～图 1-78)。

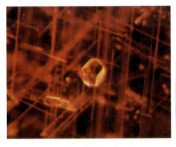  

图 1-70 石榴石包裹体　　图 1-71 镁铝榴石晶体　　图 1-72 镁铝榴石

图 1-73 铁铝榴石晶体　　图 1-74 铁铝榴石　　图 1-75 锰铝榴石晶体

图 1-76 锰铝榴石　　图 1-77 钙铝榴石晶体　　图 1-78 钙铝榴石

4. 原料主要产地

石榴石在地壳中产出量比较大，并且产地不同产出的品种也不同。镁铝榴石主要产于美国、捷克等地；铁铝榴石主要产于印度、美国、斯里兰卡等地；锰铝榴石主要产于亚美尼亚、美国等地；钙铝榴石主要产于斯里兰卡、墨西哥、巴西等地；钙铁榴石主要产于乌拉尔山；钙铬榴石颗粒较小，主要产于俄罗斯的乌拉尔地区。

5. 常见颜色

石榴石拥有除蓝色之外的各种颜色。

镁铝榴石：中至深橙红色、红色。铁铝榴石：橙红至红色、紫红至红紫色，色调较暗。锰铝榴石：橙色至橙红色。钙铝榴石：浅至深绿、浅至深黄、橙红，无色（少见）。钙铁榴石、翠榴石：黄色、绿色、褐黑色。

图1-79　钙铁榴石晶体

6. 目前市场参考价格

市面上一颗7.23ct VVS_1 天然戒面无处理的沙弗莱石石榴石裸石价格被定为115 680元人民币。

7. 相似宝石

常见与石榴石相似的宝石品种有红色系列的锆石、红宝石、红色尖晶石等，黄色蓝宝石、金绿宝石等。

8. 加工设计

透明无包裹体的石榴石材料加工刻面形宝石，刻面形状根据材料形状决定，以保重为原则。半透明不透明的材料加工珠形、凸面形式吊坠，色深的材料加工薄片形剖面或薄凸面形。

三、尖晶石

尖晶石为镁铝氧化物，红色尖晶石具有与红宝石般迷人的色泽。

1. 特性

宝石名称	尖晶石
化学成分	$MgAl_2O_4$，可含有 Cr、Fe、Zn、Mn 等元素
矿物名称	尖晶石
折射率	1.718(+0.01),(−0.008)
双折射率	无
轴性、光性	均质体
相对密度	3.60(+0.10，−0.03)黑色近于4.00
摩氏硬度	7.5~8
光泽	玻璃光泽，亚金刚光泽

续上表

解理和断口	无解理/贝壳状至参差状断口
晶系	等轴晶系
吸收光谱	红色、粉红色:686nm,675nm 具双线,另见一组吸收线在黄绿区(595～490nm)普遍吸收,蓝区无吸收;蓝色尖晶石:橙区、黄区和绿区有三条吸收线,在蓝区有两条吸收带
特殊光学效应	星光效应、变色效应

2. 晶体外形及结晶习性

等轴晶系,八面体晶形(图1-80～图1-84)。

图 1-80　红色尖晶石晶体

图 1-81　黑色尖晶石晶体

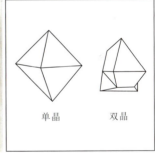

图 1-82　绿色尖晶石晶体　　图 1-83　桃红色尖晶石晶体　　图 1-84　石榴石晶形

3. 包裹体特征

尖晶石包裹体有八体面、八面体负晶等,呈点线状式或曲线排列,有时还能见到锆石、磷灰石、榍石等包裹体。另外,还可见到呈星云状分布的气液包裹体。

4. 原料主要产地

尖晶石主要产于缅甸、斯里兰卡、阿富汗、泰国、肯尼亚、巴基斯坦、美国、越南等。

5. 常见颜色

尖晶石常见有红色、橙色、玫瑰红、无色、黄色、褐色、蓝绿色、紫色(图1-85~图1-90)。

图1-85 红尖晶石　　　图1-86 黑尖晶石　　　图1-87 橙色尖晶石

图1-88 浅紫色尖晶石　图1-89 玫瑰红尖晶石　图1-90 各种颜色尖晶石

6. 目前市场参考价格

市面上一颗6.2ct VVS尖晶石裸石售价为39 990元人民币。

7. 相似宝石

常见与尖晶石相似的宝石品种有石榴石、锆石、刚玉类宝石、绿柱石等。

四、橄榄石

橄榄石因具有青橄榄色而得名,古罗马人称之为"太阳的宝石"。

1. 特性

宝石名称	橄榄石
化学成分	$(Mg,Fe)_2SiO_4$
矿物名称	橄榄石
折射率	1.65~1.69(±0.020)
双折射率	0.035~0.038;常为0.036

续上表

轴性、光性	二轴（＋）
相对密度	3.34(＋0.14，－0.07)
摩氏硬度	6.5～7
光泽	玻璃光泽/玻璃光泽至亚玻璃光泽
解理和断口	不完全解理/贝壳状断口
晶系	斜方晶系
吸收光谱	453nm,477nm,497nm 强吸收带
特殊光学效应	星光效应

2. 晶体外形及结晶习性

橄榄石为斜方晶系，呈柱状、短柱状，不规则粒状（图1-91～图1-92）。

 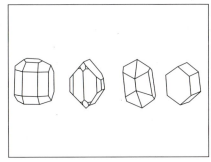

图1-91　橄榄石　　　　　　　图1-92　橄榄石晶体形态

3. 包裹体特征

橄榄石包裹体主要有睡莲叶状包体，深色矿物包体，负晶，盘状气液两相包体，常见后刻面棱重影等（图1-93）。

图1-93　橄榄石包裹体

4. 原料主要产地

橄榄石主要产于埃及、美国、缅甸、墨西哥等地,中国河北、吉林、内蒙古也有橄榄石产出。

5. 常见颜色

橄榄石常见黄绿色、绿色、褐绿色。

6. 目前市场参考价格

市面上一颗尺寸 12.9mm×宽 9.8mm×厚 7.1mm,重 8.85ct 的缅甸莫谷天然橄榄石猫眼宝石裸石售价为 13 900 元人民币。

7. 相似宝石

常见的与橄榄石相似宝石有绿色碧玺、黄绿色金绿宝石、锆石、钙铝榴石等。

8. 加工设计

透明无包裹体的材料加工刻面形,琢型根据材料形状决定,以最大限度保重为原则,橄榄石是脆性材料,开采出来 6mm 以下的较多,设计时常用于群镶。

五、碧玺

碧玺,又称电气石,对宝石而言,碧玺是族群硼硅酸盐的名称,化学成分复杂,具有很强的吸附性。

1. 特性

宝石名称	碧玺
化学成分	$(Na,K,Ca)(Al,Fe,Li,Mg,Mn)_3(Al,Cr,Fe,V)_6(BO_3)_3(Si_6O_{18})(OH,F)_4$
矿物名称	电气石
折射率	$1.624\sim1.644(+0.011,-0.009)$
双折射率	$0.018\sim0.04$,通常 0.020,暗色可达 0.040
轴性、光性	一轴(—)非均质体
相对密度	$3.06(+0.20,-0.60)$
硬度	$7\sim8$
光泽	玻璃光泽
解理和断口	无解理/贝壳状断口
晶系	三方晶系
吸收光谱	红、粉红碧玺:绿光区,宽吸收带,有时可见 525nm 窄带,451nm,458nm 吸收线。蓝、绿碧玺:红区普遍吸收,498nm 强吸收带
特殊光学效应	猫眼效应,变色效应

2. 晶体外形及结晶习性

碧玺属于三斜晶系,是浑圆方柱或者复三方锥状晶体。碧玺的晶体一般呈柱状,有色的晶体有较强的二色性,通常有美丽的彩带(图1-94～图1-97)。

图1-94　电气石晶体　　　图1-95　各种颜色电气石晶体　　　图1-96　西瓜电气石

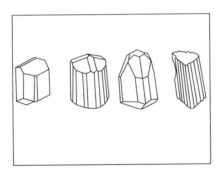

图1-97　碧玺晶形

3. 包裹体特征

碧玺的包裹体因颜色不同,多种颜色特别是粉红色和红色者常含大量充满液体的扁平状、不规则管状包体,平行线状包体,但绿色碧玺包体较少(图1-98)。

4. 原料主要产地

碧玺的矿床通常位于伟晶岩层和冲积矿床。宝石级别的产地有很多,如斯里兰卡、坦桑尼亚、意大利、肯尼亚、美国、阿富汗、马拉加西共和国和巴西具有最富生产力的矿床;另外还有缅甸、俄罗斯和中国的云南、新疆等地。

5. 常见颜色

碧玺颜色多种多样,有红色、蓝色、绿色、褐色、双色、紫色、无色,同一晶体内外或同一晶体的不同部位可呈双色或多色(图1-99～图1-104)。

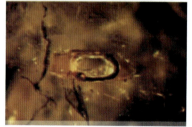

图 1-98　碧玺包裹体特征

图 1-99　海蓝色碧玺　　　　图 1-100　绿色碧玺　　　　图 1-101　深绿色碧玺

图 1-102　橘红色碧玺　　　　图 1-103　褐色碧玺　　　　图 1-104　玫瑰红色碧玺

6. 目前市场参考价格

市面上一颗 45.44ct 椭圆形鸽血红碧玺裸石售价为 219 628 元人民币。

7. 相似宝石

碧玺用途涉及饰品、化妆品和建筑材料方面,用途广泛。与红碧玺相似的有红宝石、红色尖晶石及淡红色托帕石;与绿碧玺相似的有绿色蓝宝石、绿色透辉石、祖母绿相混;与蓝色碧玺相似的蓝宝石、蓝色尖晶石等。

8. 加工设计

透明电气石材料加工剖面形,琢型根据材料的形状及大小决定,原则以保重为主,设计时注意碧玺的多色性,选择浅色方向作台面,电气石颜色较丰富,半透明至不透明的材料加工珠形,制作七彩手链和项链很受欢迎(图 1-105、图 1-106)。双色或三色电气石材料,不要切割,根据自然美设计首饰,西瓜碧玺垂直晶体切割薄片,显出"西瓜"特色。

图 1-105 碧玺手串

图 1-106 碧玺吊坠

六、托帕石

托帕石是一种含氟的碱式硅酸盐,是一种透明度很高,又很坚硬,反光效应很好,颜色美丽的矿物。

1. 特性

宝石名称	托帕石
化学成分	$Al_2SiO_4(F,OH)_2$
矿物名称	黄玉
折射率	1.619～1.627
双折射率	0.008～0.010

续上表

轴性、光性	二轴晶,正光体
相对密度	3.53
摩氏硬度	8
光泽	玻璃光泽
解理和断口组	一组完全解理/贝壳状断口
晶系	斜方晶系
吸收光谱	无
特殊光学效应	猫眼效应

2. 晶体外形及结晶习性

托帕石属于斜方晶系,形态完好的托帕石晶体有着典型的菱形横截面,通常为柱状,并且柱面有纵条纹(图1-107～图1-109)。

  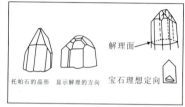

图1-107 黄玉晶体　　　图1-108 无色托帕石　　　图1-109 黄玉晶形

3. 包裹体特征

托帕石一般比较洁净,可以看到两相包体、三相包体,也有两种或两种以上不混溶液体包体、矿物包体、负晶等。

4. 原料主要产地

托帕石以巴西产的最为著名,另外美国、斯里兰卡、尼日利亚、挪威、巴西、日本和中国的内蒙古、云南、江西有产。

5. 颜色

托帕石常为无色、淡蓝色、蓝色、黄色、粉色、褐红色及绿色(图中1-110～图1-112)。

6. 目前市场参考价格

市面上一颗15.6ct托帕石售价为6 800元人民币。

7. 相似宝石

托帕石象征着友爱和希望,干净纯洁,深受人们喜爱,与托帕石相似的宝石:无

图1-110　浅黄色托帕石　　图1-111　无色托帕石　　图1-112　海蓝色托帕石

色的主要是水晶,蓝色的主要是海蓝宝石、碧玺。

8. 加工设计

透明无包裹体的黄玉加工刻面形琢型,大块黄玉材料较多,琢型的形状根据客户订单为主,无色黄玉材料可以通过辐照处理成为天空蓝材料。黄玉有一组发育完全的解理,设计时注意宝石台面放在解理面的位置,具有猫眼效应的黄玉设计成凸面形。

七、海蓝宝石

海蓝宝石具有海水般明亮透澈的蓝色、蓝绿色。海蓝宝石的矿物成分以绿柱石为主,是形成于伟晶岩和花岗岩及一些地区的变质岩中的一种含铍、铝的硅酸盐矿石。

1. 特性

宝石名称	海蓝宝石
化学成分	$Be_3Al_2Si_6O_{18}$
矿物名称	绿柱石
折射率	1.577～1.583(±0.017)
双折射率	0.005～0.009
轴性、光性	一轴(一)
相对密度	2.72
摩氏硬度	7.5～8
光泽	玻璃光泽
解理和断口	一组不完全解理/参差状至贝壳状断口
晶系	三方/六方晶系
吸收光谱	537nm 和 456nm 弱吸收线,427nm 强吸收线,依颜色变深而变强
特殊光学效应	猫眼效应

2. 晶体外形及结晶习性

海蓝宝石属于六方晶系,呈六方柱状,带有晶面纵纹(图1-113～图1-114)。

  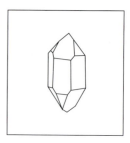

图1-113　绿柱石晶体　　　　　　　　　图1-114　海蓝宝石晶形

3. 包裹体特征

海蓝宝石具有液体包体,气液两相包体,三相包体,还具有平行管状包体,其中一组不完全解理。

4. 原料主要产地

海蓝宝石主要产于巴西、马达加斯加、美国、原苏联、乌拉尔山和中国的新疆、内蒙、湖南、云南、海南等地。

5. 常见颜色

海蓝宝石有绿蓝色至蓝绿色,浅蓝色,无色,一般色调比较浅(图1-115～图1-117)。

图1-115　浅蓝绿柱石晶体　　　　　　　图1-116　浅蓝色海蓝宝石

6. 目前市场参考价格

市面上一颗椭圆形15.23ct天然海蓝宝石极品裸石售价为121 840元人民币。

7. 相似宝石

常见的与海蓝宝石相似的宝石品种有蓝色托帕石、浅蓝色蓝宝石、蓝色碧玺等。

8. 加工设计

透明无杂质海蓝色绿柱石材料加工刻面琢型,琢型形状及大小根据材料确定,以保重为主,半透明至不透明的材料加工珠形式吊坠,具有猫眼效应的材料参照红蓝刚玉加工设计特点。

图 1-117 海蓝宝石手串

八、石英

石英是最常见的造岩矿物之一,单晶石英在宝石学中被统称为水晶(图1-118~图1-130)。

1. 特性

宝石名称	水晶、紫晶、黄晶、烟晶、绿水晶、芙蓉石
化学成分	SiO_2
矿物名称	石英
折射率	1.544~1.553
双折射率	0.009
轴性、光性	一轴(+)
相对密度	2.66(+0.03,-0.02)
摩氏硬度	7
光泽	玻璃光泽
解理和断口	无解理/贝壳状至参差状断口
晶系	三方/六方晶系
吸收光谱	无特征
特殊光学效应	星光效应、猫眼效应

2. 晶体外形及结晶习性

石英属于三方晶系,常为六方柱与菱面体的聚形组成柱状晶体,六方柱的柱面上常有横纹,双晶也较发育。

3. 包裹体特征

石英具有色带,液体及气、液两相包体,气、液、固三相包体,还有针状金红石、电气石及其他的固体矿物包体,负晶。

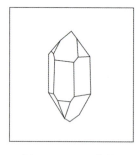
图 1-118　石英晶形

图 1-119　石英晶体

图 1-120　水晶戒指

图 1-121　紫晶

图 1-122　黄晶

图 1-123　红发晶

图 1-124　水胆水晶

图 1-125　凸面形岩石中石英赤铁矿和金红石包裹体

图 1-126　原矿中石英赤铁矿和金红石包裹体

4. 原料主要产地

世界各地都有水晶产出,水晶的主要产地有美国、巴西、马达加斯加印度、原苏联、澳大利亚,中国的东海、河南、贵州也是水晶的重要产地和集散地。

5. 常见颜色

石英除了无色外还有多种颜色,如紫色、黄色、粉红色以及不同程度的褐色、黑

图 1-127　黑发晶　　　图 1-128　茶晶晶体　　　图 1-129　茶晶

图 1-130　合成水晶

色,另外少见的有绿色。

6. 相似宝石

常见的与石英相似的宝石品种有托帕石、长石、方柱石、堇青石等。

7. 加工设计

透明无包裹体紫晶,黄晶加工成刻面形琢型,紫黄晶加工成双色祖母绿琢型,无色水晶设计水晶球,水晶雕件、吊坠和珠形。

九、长石

长石是一组含钙、钠、钾的铝硅酸盐矿物,是一系列不含水的碱金属或碱土金属铝硅酸盐矿物的总称,是大多数火山岩的重要组成部分,还是制陶的原料之一。

2. 特性

宝石名称	月光石、天河石、日光石、拉长石
化学成分	$XAlSi_3O_8$,X 为 Na、K、Ca - Al,钾长石:$KAlSi_3O_8$,可含有 Ba、Na、Pb、Sr 等元素;斜长石:$NaAlSi_3O_8 - CaAl_2Si_2O_8$
矿物名称	长石(正长石微斜长石,奥长石,拉长石)
折射率	1.51～1.57
双折射率	0.005～0.010

续上表

轴性、光性	二轴(−/+)，非均质体
相对密度	2.55~2.75
摩氏硬度	6~6.5
光泽	玻璃光泽，断口呈玻璃光泽至珍珠光泽成油脂光泽
解理和断口	两个方向完全解理
晶系	月光石、天河石、三斜晶系或单斜；月光石、拉长石；三斜晶系
吸收光谱	特征不明显
特殊光学效应	拉长石：晕彩效应、砂金效应 月光石：星光效应、猫眼效应 月光石：砂金效应 石河石：砂金效应

2. 晶体外形及结晶习性

长石的晶系因品种而不同，其中拉长石和日光石属于单斜晶系，晶体常呈板状，聚片双晶发育；月光石和天河石属于单斜晶系，月光石常呈柱状晶系，简单的双晶发育，天河石则呈板状，常见格子状双晶（图1-131~图1-138）。

图1-131 拉长石晶体

图1-132 拉长石（一）

图1-133 日光石晶体

图1-134 日光石

图1-135 月光石晶体

图1-136 月光石（一）

图 1-137　天河石晶体　　　　图 1-138　天河石

3. 包裹体特征

长石的包裹体特征与其晶系特征一样因品种而不同,拉长石为针状矿物包体、片状磁铁矿包体、聚片双晶;月光石为"蜈蚣状"包体、指纹状、针状包体;日光石则为红色或金色片状包体;天河石常见网格状色斑。

4. 原料主要产地

长石的品种多,不同品种产地不一。

拉长石:主要产地为加拿大的拉布拉多,还产于芬兰、美国。

月光石:主要产于缅甸、印度、斯里兰卡、马达加斯加以及中国的河北、安徽、内蒙古、四川等地。

日光石:主要产地有挪威、美国、加拿大、印度和俄罗斯的贝加尔湖地区等。

天河石:主要产于美国、加拿大、巴西、印度,中国的新疆、云南、甘肃等地也有产出。

5. 常见颜色

拉长石:灰至灰黑色,无色、黄色、绿色、橙色至棕色、棕红色(图 1-139～图 1-142)。

图 1-139　拉长石(二)　　　　图 1-140　月光石(二)

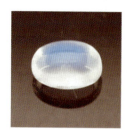
图 1-141　月光石(三)

图 1-142　天河石吊坠

月光石：无色至白色,偶见绿色、橙色、黄色至褐色、灰色至灰黑色,常具有蓝色、黄色或无色的晕彩。

日光石：黄色、橙黄至棕色,具有红色或金色砂金效应。

天河石：亮绿色或亮蓝绿色至浅蓝色,常具有绿色和白色格子的色斑。

6. 目前市场参考价格

市面上一颗 10.5ct 天然浅黄色长石裸石售价为 1 680 元人民币。

7. 相似宝石

常见的与拉长石相似的宝石分别为：与月光石相似的宝石主要有无色的水晶、绿柱石、玉髓、玻璃和塑料；与拉长石相似的宝石主要有欧泊；与日光石相似的宝石主要有仿日光石的砂金玻璃；与天河石相似的宝石主要有玉髓和绿柱石。

第四节　常见天然玉石

一、翡翠

翡翠,自古以来就蕴涵着神秘东方文化的灵秀之气,有着"东方绿宝石"的美誉,被人们奉为最珍贵的宝石。翡翠是一种以硬玉矿物为主,并伴有角闪石、钠长石、透辉石和绿泥石等多种矿物结合的辉石类矿物集合体。翡翠分为表面新鲜、无风化皮壳、透明度差的新坑料以及颜色鲜明、透明度好、质地温润的老坑料。

1. 特性

宝石名称	翡翠
化学成分	$NaAl[Si_2O_6]$
矿物名称	翡翠

续上表

折射率	1.666～1.680(±0.008),点测法常为1.66
双折射率	不可测
轴性、光性	非均质集合体
相对密度	3.34(+0.06,-0.09)
硬度	6.5～7
光泽	油脂至玻璃光泽
解理和断口	无解理
吸收光谱	437nm吸收线;铬致色的绿色翡翠具630nm,660nm,690nm吸收线

2. 晶体外形及结晶习性

翡翠属于单斜晶系,是一种晶质结合体,一种常呈现出纤维状、粒状或局部为柱状的集合体(图1-143～图1-146)。

图1-143 翡翠　图1-144 翡翠水石　图1-145 翡翠半山半水石　图1-146 翡翠睹石

3. 包裹体特征

翡翠有"翠性",呈星点、针状、片状闪光,通常为纤维交织结构至粒状纤维结构,在内部常有白色或深色固体包体(图1-147)。

4. 原料主要产地

翡翠的主要产地在缅甸,此外,在美国、俄罗斯、危地马拉、新西兰和日本等地也有翡翠产出。

图1-147 翡翠"翠性"闪光

5. 常见颜色

翡翠常见的颜色有白色、各种色调的绿色、黄色、红橙色、褐色、灰色、黑色、浅紫红色、紫色、蓝色等(图1-148～图1-157)。

图1-148 深绿色　　图1-149 浅绿色　　图1-150 紫蓝色　　图1-151 紫蓝色

图1-152 冰种　　　　图1-153 祖母绿　　　　图1-154 翡翠手串

图1-155 飘花冰种　　图1-156 红翡　　　　　图1-157 翡翠项链

6. 目前市场参考价格

一般认为决定翡翠首饰价格的三大要素为色、底水和种。除此之外,雕工与市场供需也起着决定性的作用。市场上钻石价格透明度高,相对地,翡翠价格的可比性较低,所以翡翠的价格具有很大的不确定性。根据近期的统计,翡翠价格(玻璃种玉料)近几年呈现出大幅度的上升。截至2010年其平均价格为150万元/kg。

7. 相似宝石

与翡翠相似的玉石有绿色的软玉、独山玉、蛇纹石、东陵石、绿玉髓、葡萄石、钠长玉石、水钙铝榴石等。

二、软玉

软玉是中国四大名玉之一,是含水造岩矿物角闪石族中的透闪石—阳起石系列的一员——钙镁铝硅酸盐。

1. 特性

宝石名称	软玉
化学成分	$Ca_2(Mg,Fe)_5Si_8O_{22}(OH)_2$
矿物名称	透闪石—阳起石,主要矿物为透闪石
折射率	$1.606 \sim 1.632(+0.009,-0.006)$,点测法为 $1.60 \sim 1.61$
双折射率	不可测
轴性、光性	非均质集合体
相对密度	$2.95(+0.15,-0.05)$
摩氏硬度	$6 \sim 6.5$
光泽	油脂光泽及玻璃光泽
解理和断口	两组完全解理/参差状断口
结晶状态	晶质集合体,常呈纤维状集合体
吸收光谱	500nm 模糊吸收线,优质绿色软玉可在红区有模糊吸收线

2. 晶体外形及结晶习性

软玉属于单斜晶系,是一种晶质集合体,软玉的典型结构为纤维状交织结构,块状构造。

3. 包裹体特征

软玉显微纤维交织结构(毛毡状结构),有黑色固体包体。

4. 原料主要产地

软玉主要产自于中国新疆和田、东北岫岩、台湾、四川,俄罗斯和加拿大等地,以中国新疆和田地区的软玉质量最佳。

5. 常见颜色

软玉的颜色多样,主要取决于其主要的矿物成分。主要有浅至深绿色、黄色至褐色、白色、灰色、黑色。当主要矿物成分为透闪石时呈白色,当铁的含量逐渐增加时绿色加深,甚至可以达到墨绿至黑色。

软玉按颜色可分为白玉、青玉、青白玉、碧玉、黄玉、黑玉、糖玉、花玉(图1-158~图1-164)。

6. 目前市场参考价格

长期以来,和田玉没有一个定性及定价标准,致使市场存在以次充好、鱼目混珠现象,新疆和田玉原料市场交易信息联盟的成立使新疆和田玉原料"有价可询"。根据该联盟公布的 2011 年 11 月份新疆和田玉原料市场收藏料(籽料)交易价格信息,200g 以下收藏级特一级和田玉籽料价格巳达 2~3 万元/g,远远超过了当今黄

图 1-158　白玉　　图 1-159　青玉　　图 1-160　青白玉　　图 1-161　碧玉

图 1-162　黄玉　　　　图 1-163　黑玉　　　　图 1-164　花玉

金价格。几十克的一块羊脂白玉籽料也要5 000～8 000元人民币。优秀的羊脂白玉山料的价格目前也一路攀升,供不应求。

软玉中的青白玉、青玉、黄玉、墨玉、碧玉等几个品种,中等品质的也要每公斤几千甚至上万元,上等品质的都在每公斤一万元以上。

7. 相似宝石

软玉在中国古代就占据了玉石市场的重要地位,正确辨识软玉成为购买玉石的重要步骤。其中与软玉相似的白色玉石品种主要有白色石英岩、大理岩、翡翠、岫玉、独山玉、玛瑙等,人造仿制品主要是玻璃。

三、欧泊

欧泊是由非晶质的贵蛋白石和少量的石英、黄铁矿等杂质矿物组成的蛋白石矿物,主要成分是含水的二氧化硅。

1. 特性

宝石名称	欧泊
化学成分	$SiO_2 \cdot nH_2O$
矿物名称	蛋白石
折射率	1.450(+0.020,0.080),火欧泊可低达1.37,通常1.42~1.43
双折射率	无
轴性、光性	均质体
相对密度	2~2.1
摩氏硬度	5~6
光泽	弱玻璃光泽至树脂光泽
解理和断口	无解理/贝壳状断口
结晶状态	非晶质体
吸收光谱	绿色欧泊:660nm,470nm吸收线,其他无特征
特殊光学效应	变彩效应:品种有单彩、三彩、五彩、七彩 猫眼效应:稀少

2. 晶体外形及结晶习性

欧泊为非晶质体(图1-165)。

图1-165 蛋白石原石

3. 包裹体特征

欧泊内部色斑呈不规则片状,边界平坦且较模糊,表面呈丝绢状外观。

4. 原料主要产地

欧泊主要产于澳大利亚,其次是美国、墨西哥、巴西、捷克斯洛伐克等。

5. 常见颜色

欧泊具有扑朔迷离与绚丽多姿的色彩,给人们以无穷的遐想和憧憬。欧泊的体色有黑色、白色、棕色、蓝色、绿色等,因此以体色分类,欧泊可以分为白欧泊、黑欧泊、火欧泊、水欧泊、普通欧泊以及王牌欧泊(图1-166~图1-168)。

图1-166　合成欧泊　　　图1-167　各种颜色欧泊　　　图1-168　蓝色欧泊

6. 目前市场参考价格

欧泊的价格决定因素包括欧泊的色调、亮度、图案、色彩肌理、包裹体状况以及变色效应等,欧泊的变彩数目越多,变彩强度越大,价值越高。优质的黑欧泊每克拉约100 000元人民币,高品质的深色欧泊可售约23 000元人民币。

7. 相似宝石

正是由于欧泊较受人们欢迎,价值较高,所以区分欧泊与相似玉石或仿制品尤为重要。欧泊的相似品主要是拉长石、火玛瑙,人工仿制品主要有玻璃和塑料等。

四、石英质玉石

石英质玉石是和单晶石英基本性质大致相同的多种矿物的集合体,按照结晶程度可以分为隐晶质石英质玉石(玉髓、玛瑙)和显晶质石英质玉石(石英岩、木变石等)。

1. 特性

宝石名称	玉髓、玛瑙、木变石(虎睛石、鹰眼石)石英岩
化学成分	SiO_2 可有少量 Ca、Mg、Fe、Mn、Ni 等元素存在
矿物名称	石英质玉石
折射率	点测法大致在1.53~1.55范围内
双折射率	0.009
轴性、光性	非均质集合体
相对密度	2.609,不同品种略有变化
硬度	约为6.5

续上表

光泽	玻璃光泽至油脂光泽
解理和断口	无解理/贝壳状至参差状断口、锯齿状,具体取决于品种
晶系	三方/六方晶系
吸收光谱	特征不明显,不同品种吸收光谱不同
特殊光学效应	火玛瑙具有晕彩效应,木变石(虎眼石、鹰眼石)具有猫眼效应,采陵石具有砂金效应

2. 晶体外形及结晶习性

由于石英质玉石是以石英为主要成分,所以该成分主要属于三方晶系,为显微隐晶质—显晶质集合体。石英质玉石根据品种可有粒状结构、纤维状结构、隐晶质结构等(图1-169～图1-174)。

图1-169 玛瑙原矿

图1-170 玛瑙手镯

图1-171 木变石原石

图1-172 虎睛石

3. 包裹体特征

因为石英质玉石的品种很多,因为每种不同的石英质玉石的内部特征各不相同,其中玉髓和玛瑙为隐晶质结构,质地细腻,但玛瑙有条带;木变石有平形波状纤维结构;东陵石则有粒状结构,可含云母或其他矿物包体。

图 1-173 玛瑙石

图 1-174 玉髓

4. 原料主要产地

石英质玉石分布广泛,几乎遍及全球,重要的产地有美国、中国、巴西、印度、乌拉圭、马达加斯加等,其中我国有20多个省市有玛瑙、玉髓的矿床,主要集中于东北三省,最著名的是阜新。

5. 常见颜色

石英质玉石颜色丰富,常见的有绿色、红色、白色、灰色、褐色、蓝色等。

6. 目前市场参考价格

冰种玉髓吊坠 800~1 000 元;水胆玛瑙吊坠 1 000 元左右,精品摆件约 2 万元,虎睛石、鹰眼石圆珠手串 50~3 000 元。

7. 相似宝石

石英质玉石的鉴别较为容易,市场上很少存在用其他玉石仿冒石英质玉石的情况,但是还是要注意区分石英质玉石与其相似的玉石和人工仿制品。相似的宝玉石有长石、蛇纹石等;仿制品主要有玻璃,但是玻璃为均质体,可能有气泡和流动纹等。

五、蛇纹石

蛇纹石是一族矿物的总称,含有至少 16 种碱式硅酸盐,因外观如斑驳状如蛇皮而得名,主要分为四大类别:温石棉、叶蛇纹石、利蛇纹石和镁绿泥石。

1. 特性

宝石名称	岫玉
化学成分	$(Mg,Fe,Ni)_3Si_2O_5(OH)_4$,常见伴生矿方解石、滑石、磁铁矿等
矿物名称	蛇纹石
折射率	1.560~1.570(+0.004,-0.070)

续上表

双折射率	不可测
轴性、光性	非均质集合体
相对密度	2.57(+0.23,-0.13)
硬度	2.5~6
光泽	蜡状至玻璃光泽
解理和断口	无解理/参差状断口
结晶状态	单斜晶系晶质集合体,常呈细粒叶片状或纤维状
吸收光谱	特征不明显
特殊光学效应	猫眼效应(极少)

2. 晶体外形及结晶习性

蛇纹石属于单斜晶系,常呈隐晶质集合体,细粒叶片状或纤维状。

3. 包裹体特征

蛇纹石质地细腻,内部可能含有黑色矿物包体,白色条纹,叶片状、纤维状交织结构。

4. 原料主要产地

蛇纹石的产地很多,在我国主要产于辽宁岫岩县、甘肃酒泉、广东信宜、新疆昆仑山、台湾花莲、四川会理、山东泰山,国外主要产地有新西兰、美国、朝鲜和墨西哥等。

5. 常见颜色

蛇纹石常见颜色有绿至黄绿色、白色、棕色、黑色。

6. 相似宝石

蛇纹石在中国自新石器时代就开始广泛应用,是中国四大名玉之一,常见的与蛇纹石相似的宝玉石有翡翠、软玉、葡萄石等,可以通过外观和仪器鉴定鉴别。

六、独山玉

独山玉石因产于河南南阳市郊的独山而得名,是一种黝帘石斜长岩,主要的矿物有斜长石、黝帘石,其他成分有直闪石、透闪石-阳起石、透辉石和绿闪石。

1. 特性

宝石名称	独山玉
化学成分	随组成矿物比例而变化
矿物名称	主要组成矿物为斜长石(钙长石)、黝帘石等

续上表

折射率	1.560~1.700
双折射率	无
轴性、光性	非均质集合体
相对密度	2.70~3.09，一般为 2.90
硬度	6~7
光泽	玻璃至油脂光泽
解理和断口	无
结晶状态	多晶质的矿物集合体，常呈细粒致密块状
吸收光谱	特征不明显

2. 晶体外形及结晶习性

独山玉石多晶质的多矿物集合体，常呈细粒致密块状，具有交织变晶粒状结构。

3. 包裹体特征

独山玉为纤维状结构，此外可见其蓝色、蓝绿色或紫色色斑（图 1-175）。

4. 原料主要产地

独山玉是中国独有的玉石，主要产于中国河南省南阳市郊的独山。

图 1-175 独山玉山子

5. 常见颜色

独山玉色泽丰富，有白色、绿色、紫色、黄色、黑色、蓝绿色等，并且在同一块玉料上一般可见多种颜色。按颜色分类可以分为白独玉、绿独玉、紫独玉、黄独玉、杂色独玉等。

6. 相似宝石

常见的与独山玉相似的宝玉石有翡翠、石英岩玉、软玉和蛇纹玉等。

七、绿松石

绿松石又名松石，是中国四大名玉之一，是一种具有独特蔚蓝色的玉石，矿物主要由绿松石及埃洛石、高岭石、石英、云母等矿物组成的一种致密的隐晶质矿物集合体，是一种含水的铜铝磷酸盐。

1. 特性

宝石名称	绿松石
化学成分	$CuAl_6(PO_4)_4(OH)_{8.5}H_2O$
矿物名称	绿松石
折射率	1.610~1.650,点测法通常为1.61
双折射率	集合体不可测
轴性、光性	非均质集合体
相对密度	2.76(+0.14,0.36)
硬度	5~6
光泽	蜡状至玻璃光泽
解理和断口	无解理/贝壳状至粒状断口
结晶状态	通常呈块状或皮壳状隐晶质集合体
吸收光谱	偶见420nm,432nm及460nm中至弱吸收带

2. 晶体外形及结晶习性

绿松石属于三斜晶系,通常呈块状或皮壳状隐晶质集合体(图1-176~图1-178)。

 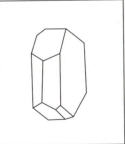 

图1-176 绿松石原石　　图1-177 绿松石晶形　　图1-178 合成绿松石

3. 包裹体特征

自然界绿松石集合体的外部形态有致密块状、肾状、钟乳状、皮状、团块状和结核状等。并且绿松石常见暗色基质,如黑色斑点、褐黑色铁线等特征。

4. 原料主要产地

绿松石主要产于伊朗、埃及、美国、澳大利亚、智利等,我国国内主要有湖北和新疆等地。

5. 常见颜色

绿松石的颜色可以分为蓝色、绿色和杂色三大类,包括浅至中蓝色、绿蓝色至绿色,常有斑点、网状或暗色矿物杂质(图1-179、图1-180)。

图1-179 绿松石原石　　　　图1-180 绿松石吊坠

6.相似宝石

绿松石因其独特的蔚蓝色被视为"蓝天和大海的精灵",备受古今中外人士的喜爱。和绿松石相似的宝玉石及人工仿制品有三水铝石、孔雀石、硅孔雀石、染色的菱镁矿以及蓝绿色的玻璃等。

八、孔雀石

孔雀石为一种绿色的铜的碱式碳酸盐,铜的次生矿,是一种精细纤维状的集合体和带有条纹状的环形钟乳状集合体。其特有的孔雀绿色很像孔雀的羽毛,因此而得名(图1-181、图1-182)。

1. 特性

宝石名称	孔雀石
化学成分	$Cu_2CO_3(OH)_2$
矿物名称	孔雀石
折射率	1.655～1.909
双折射率	0.254,集合体不可测
轴性、光性	非均质集合体
相对密度	3.95(+0.15,-0.70)
硬度	3.5～4
光泽	丝绢光泽至玻璃光泽
解理和断口	无解理/亚贝壳状至参差状断口
结晶状态	晶质集合体,常呈纤维状集合体,皮壳状结构
吸收光谱	特征不明显

图1-181　孔雀石原石

图1-182　孔雀石手串

2.晶体外形及结晶习性

孔雀石属于单斜晶系，是晶质集合体，晶体呈针状或柱状，单晶不常见。常呈纤维状集合体，皮壳状结构。

3.包裹体特征

孔雀石具有典型的条纹状、同心环状结构。

4.原料主要产地

孔雀石产地较多，著名的产地有智利、俄罗斯、扎伊尔、澳大利亚、原苏联、赞比亚、津巴布韦、纳米比亚、美国等地的铜矿床的氧化带，孔雀石还是智利的国石，中国的孔雀石主要产于广东阳春、江西西北部及湖北的大冶等。

5.常见颜色

孔雀石有鲜艳的微蓝绿至绿色，常有杂色条纹。其中孔雀石主要呈浓绿色，条痕呈淡绿色。

6.相似宝石

孔雀石是人类历史上最重要的矿石之一，常见的与孔雀石相似的宝玉石的品种有硅孔雀石、绿松石等。

7.目前市场参考价格

孔雀石项链约100～1 000元/条。

九、青金石

青金石是一种可以作为蓝色颜料的矿物，形成于高温变质石灰岩。青金岩一般以粒状和致密块状的单矿物集合体形式出现，含方解石、黄铁矿、透辉石和方钠石等。

1. 特性

宝石名称	青金石
化学成分	$(NaCa)_8(AlSiO_4)_6(SO_4,Cl,S)_2$
矿物名称	主要矿物青金石、方钠石及蓝方石,次要矿物有方解石、黄铁矿,有时含透辉石、云母、角闪石等矿物
折射率	平均1.50左右,有时因含方解石,可达1.67
双折射率	无
轴性、光性	集合体
相对密度	2.75(±0.25)
硬度	5～6
光泽	抛光面呈玻璃至蜡状光泽
解理和断口	无解理/不平坦断口
结晶状态	晶质集合体,常呈粒状结构,块状结构
吸收光谱	无特征

2. 晶体外形及结晶习性

青金石属于等轴晶系;为晶质集合体,晶体呈十二面体、八面体或立方体,常呈粒状结构、块状构造、致密状集合体(图1-183、图1-184)。

 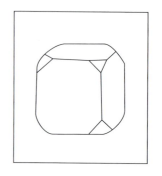

图1-183　青金石原石　　　　　图1-184　青金石的晶形

3. 包裹体特征

青金石通常为粒状结构,常含有方解石、黄铁矿等。

4. 原料主要产地

青金石主要产地遍于世界,主要有俄罗斯的贝加尔地区、阿富汗、美国、意大利、加拿大、巴基斯坦、安哥拉、缅甸和智利的安第斯山脉等。

5. 颜色

青金石纯正而深沉的天蓝色被人们称为"天青"和"帝青色",青金石常有中至深微绿蓝色至紫蓝色,另外还有白色方解石、铜黄色黄铁矿、墨绿色透辉石以及普通辉石的色斑。

6. 相似宝石

青金石深受人们喜爱,在市面上有多种与青金石相似的宝玉石,如方钠石、蓝铜矿、天蓝石以及被人们称为"瑞士青金石"的染色碧玉。

7. 目前市场参考价格

市场上一条深蓝多尕 8mm 圆珠手链约 800 元。

第五节 常见天然有机宝石

一、珍珠

珍珠是一种外形圆润、色泽柔和的有机宝石,珍珠主要由无机质、有机质和水三部分组成,其中有机质主要是氨基酸,无机部分为碳酸钙,不同类型的珍珠在含量上略有差别(图 1-185~图 1-187)。

1. 特性

宝石名称	珍珠
化学成分	由碳酸钙、有机质和少量的水组成。其中 $CaCO_3$ 约占 80%~86%,有机质(壳基质)约占 10%~14%,水约占 2%
矿物名称	珍珠
折射率	1.500~1.685
双折射率	集体不可测
轴性、光性	非均质集合体
相对密度	2.6~2.8
硬度	2.5~4.5
光泽	珍珠光泽
解理和断口	集合体无解理
结晶状态	无机部分为斜方和三方晶系,放射状集合体,有机部分为非晶态
吸收光谱	特征不明显
特殊光学效应	晕彩效应

2. 晶体外形及结晶习性

由于珍珠的成分有三部分,所以有机部分的是非晶态,无机部分的文石属于斜方晶系,方解石属于三方晶系,放射状集合体。

图1-185 珍珠项链　　　图1-186 珍珠戒指　　　图1-187 珍珠吊坠

3. 包裹体特征

有核养殖珍珠具核层状结构,珍珠质层呈薄层同心放射层结构,表面微细层纹;珠核可呈平行层状,珠核处反白色冷光。表面有生长纹,有砂状感。

4. 原料主要产地

珍珠的产地很多,根据产地可将珍珠分为不同的品种,有产于波斯湾一带的东方珠、南海一带的南洋珠、日本海水养殖的日本珠、淡水养殖的琵琶珠以及赤道附近的塔希提的黑珍珠等。

5. 常见颜色

珍珠的颜色一般由珍珠的体色、伴色和晕彩三部分组成,珍珠的体色主要有白色至浅黄色、粉色、浅绿色、蓝色和紫色等,伴色有粉色、玫瑰色、蓝色和绿色等。

6. 相似宝石

珍珠因其圆润的形态、柔和的光泽受到人们的喜爱,被人们称为宝石中的"皇后",因此在市面上也出现很多相似的宝玉石及人工仿制品,主要有玻璃、贝壳仿珍珠和塑料等。

二、珊瑚

珊瑚石是形成于海洋中一种低等腔肠动物珊瑚虫的以钙质为主的骨骼堆积物,常为树枝状,由无机成分、有机成分和水组成(图1-188~图1-192)。

1. 特性

宝石名称	珊瑚
化学成分	无机成分为 $CaCO_3$,有机成分为硬蛋白质
矿物名称	珊瑚化石
折射率	1.486～1.658
双折射率	不可测
轴性、光性	集合体
相对密度	1.35～2.65(±0.05),随有机成分含量增加而变小
硬度	3～4
光泽	蜡状光泽,抛光面呈玻璃光泽
解理和断口	无
结晶状态	无机成分:隐晶质集合体;有机成分:非晶质
吸收光谱	无特征
放大检查	珊瑚虫腔体表现为颜色和透明度稍有不同的平行条带,波状构造

图 1-188 红珊瑚

图 1-189 粉红色珊瑚

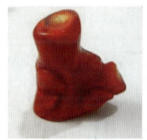

图 1-190 珊瑚

图 1-191 珊瑚手串

图 1-192 粉红珊瑚手串

2. 晶体外形及结晶习性

珊瑚的无机成分为隐晶质集合体,有机成分为非晶质。

3. 包裹体特征

珊瑚虫腔体表现为颜色和透明度稍有不同的平行条带,波状构造,横截面上表现为放射状、同心圆状构造。

4. 原料主要产地

珊瑚产生于自然水域,因此在世界大水域就会有珊瑚的踪迹,如太平洋海区的日本、中国台湾;地中海沿岸的意大利、突尼斯、西班牙和阿尔及利亚;夏威夷西北部中途岛附近海区。

5. 常见颜色

珊瑚的颜色因其成分多显白色及奶油色,色泽艳丽的还有红色、粉红色、黄色、橙色、绿色和黑色,偶见蓝色和紫色。因珊瑚幼虫是白色的,所以不管外表是什么颜色,中心仍经常显白色或奶油色。

6. 相似宝石

珊瑚在我国汉代被称为"烽火树",被古罗马人称为"红色黄金",是人们所喜爱的海中珍宝,是有机宝石的重要一员,与珊瑚相似的宝石及人工仿制品有海螺珍珠、染色贝壳、染色的大理石、染色的骨制品、玻璃和塑料等。

三、琥珀

琥珀是一种松脂化石,是一种以树脂、酸和挥发性油等多种有机物组成的有芳香的棕黄色至半透明的有机物(图 1-193～图 1-195)。

1. 特性

宝石名称	琥珀
化学成分	$C_{10}H_{16}O$,可含 H_2S
矿物名称	琥珀矿物
折射率	1.540(+0.005,-0.001)
轴性、光性	均质体,常见异常消光
相对密度	1.08(+0.02,-0.08)
硬度	2～2.5
光泽	树脂光泽
解理和断口	无解理/贝壳状断口
结晶状态	非晶质体
吸收光谱	无
包裹体特征	有机或无机包体,气泡,流动线,昆虫或动、植物碎片

2. 晶体外形及结晶习性

琥珀是非晶质体，主要是由细小的胶状颗粒堆积而成，如我们所见，呈结核状、瘤状、水滴状等外形特征，有时可见不透明的外层皮膜。

图 1-193　虫珀

图 1-194　琥珀手串　　　　　　　图 1-195　琥珀原石

3. 包裹体特征

琥珀属于松脂化石，就其形成的过程可以知道，在琥珀内部可能含有气泡、流动线、昆虫或动植物碎片，其他有机或无机包体，泥土、砂粒等杂质。

4. 原料主要产地

琥珀的形成原理较其他的矿物体有较大的区别，所以在世界上分布的范围也不同于其他的矿物，世界著名的琥珀产于波罗的海沿岸国家，如德国、波兰、爱沙尼亚、丹麦，我国的琥珀主要产自抚顺的煤田，另外黑龙江、吉林、辽宁、河南、湖南、陕西、新疆等地都有琥珀产出。

5. 常见颜色

琥珀的颜色多比较艳丽，有浅黄，黄至深褐色、橙色、红色和白色等多种色泽。

6. 相似宝石

与琥珀相似的宝玉石及人工仿制品主要有能和乙醚反应的硬树脂、未经过地质作用的松香以及玻璃和塑料。

第六节　常见人工宝石

一、合成钻石

英文名称：synthetic diamond；材料名称：合成金刚石。

1. 材料性质

宝石名称	合成钻石
化学成分	C,可含有 N 等元素
矿物名称	合成金刚石
折射率	2.417
双折射率	无
轴性、光性	
相对密度	3.52(±0.01)
摩氏硬度	10
光性特征	均质体
多色性	无
光泽	金刚光泽
解理和断口	四组完全解理
结晶状态	晶质体
晶系	等轴晶系
晶体习性	立方体,常具阶梯状生长纹
紫外荧光	长波:无 短波:无至中的淡黄色、橙黄色、绿黄色、不均匀、局部有磷光
吸收光谱	常温下无特征吸收,液氮低温状态下可有 658nm 的吸收峰,500nm 以下全吸收
放大检查	色带、尘埃状微粒、片状、针状金属包体、黑色包体、四边形生长纹
特殊性质	导热性高,阴极发光下可显示明显的四边形生长纹,不同环带可发不同颜色的荧光
特殊光学效应	星光效应

2. 常见颜色

合成钻石常见黄色、蓝色、橙色、粉色、无色、褐黄。

二、合成红宝石

英文名称：synthetic ruby；材料名称：合成刚玉（图 1-196～图 1-198）。

1. 材料性质

宝石名称	合成红宝石
化学成分	Al_2O_3,可含有 Cr 等元素,助溶剂法还可含有 Pd、Pt、Ni、W、La、Mo、Fe、V、Ti 等助溶剂成分,水热法可含 Ca、As、K 等元素
矿物名称	合成刚玉
折射率	1.762～1.770(+0.009,-0.005)
双折射率	0.008～0.010
相对密度	4.0(±0.05)
摩氏硬度	9
光性特征	非均质体,一轴晶,负光性
多色性	强,紫红色和橙红色
光泽	玻璃光泽至亚金刚光泽
解理和断口	无解理
结晶状态	晶质体
晶系	三方晶系
晶体习性	焰熔法:棒状;助溶剂法:菱面体;水热法:呈板状
紫外荧光	长波:强红或橙红 短波:中至强,红或粉红,粉白
吸收光谱	694nm,692nm,668nm,659nm 有吸收线,620～540nm 吸收带,476nm,475nm,468nm 吸收线,紫光区全吸收
红外光谱	水热法合成红宝石,(3 800～2 800)cm^{-1}范围有明显吸收,有别于天然红宝石
放大检查	焰熔法:气泡弧形生长纹 助溶剂法:助溶剂包裹体,铂金属片呈三角形、六边形、彗星状包体,糖浆状纹理 水热法:树枝状生长纹,色带,金黄色金属片,无色透明的纱网状包体或钉状包体

图 1-196 合成玫瑰红色刚玉

图 1-197 合成红宝石

图 1-198 合成红宝石吊坠

2. 常见颜色

合成红宝石常见红色、橙红色、紫红色。

三、合成蓝宝石

英文名称:synthetic sapphire;材料名称:合成刚玉(图 1-199~图 1-201)。

1. 材料性质

宝石名称	合成蓝宝石
化学成分	Al_2O_3,可含有 Fe、Ti、Cr、V 等元素
矿物名称	合成刚玉
折射率	1.762~1.770(+0.009,-0.005)
双折射率	0.008~0.010
相对密度	4.00(+0.10,-0.05)
摩氏硬度	9
光性特征	非均质体,一轴晶,负光性
多色性	蓝色:蓝,绿蓝;绿色:绿,黄绿;变色:紫,紫蓝;粉色:粉,粉红;橙黄色:黄,橙黄
光泽	玻璃光泽
解理和断口	无解理
结晶状态	晶质体
晶系	三方晶系
晶体习性	焰熔法:梨形;助溶剂法:呈板状;水热法:呈板状
紫外荧光	蓝色——长波:无;短波:弱至中,蓝白色或黄绿色 绿色——长波:弱、橙红色;短波:褐红色 粉色——长波:弱、橙色中至少强,红色;短波:红粉色 黄色——短波:非常弱的红色 无色——长波/短波:无至弱,蓝白色 变色——长波/短波:呈中等的橙红色
吸收光谱	蓝色:无,助溶剂法合成蓝宝石可有 450nm 弱吸收线 绿色:530nm 和 687nm 吸收线 橙色、紫色、粉色:690nm 吸收线,650nm,670nm 吸收线,510~580nm 宽吸收带 变色:474nm 吸收线
放大检查	焰熔法:气泡,弧形生长纹,未熔残余物 助溶剂法:指纹状包体,束状,沙幔状,球状,微滴状助溶剂残余,六边形或三角形金属板 水热法:树枝状生长纹,色带,金黄色金属片,无色透明的纱网状包体或钉状包体
特殊光学效应	星光效应,变色效应,猫眼效应(少见)

3. 常见颜色

合成蓝宝石常见蓝色、绿色、紫蓝色(变色)、粉红、黄色、橙色、无色。

图1-199 合成蓝刚玉　　　图1-200 合成尖晶　　　图1-201 合成蓝宝石首饰

四、合成祖母绿

英文名称：synthetic emerald；材料名称：合成绿柱石（图1-202～图1-204）。

图1-202 合成祖母绿晶体　　　图1-203 合成祖母绿晶体和宝石　　　图1-204 合成祖母绿宝石

1. 材料性质

宝石名称	合成祖母绿
化学成分	$Be_3Al_2Si_6O_{18}$
矿物名称	合成绿柱石
折射率	通常：1.561～1.568（助溶剂法）或1.566～1.578（水热法）
双折射率	通常：0.003～0.004（助溶剂法）或0.005～0.006（水热法）
相对密度	2.65～2.73
摩氏硬度	7.5～8
光性特征	非均质体，一轴晶，负光性
多色性	中等，绿和蓝绿色
光泽	玻璃光泽

续上表

解理和断口	无解理
结晶状态	晶质体
晶系	六方晶系
晶体习性	焰熔法为六方柱状、水热法为板状
紫外荧光	弱至中等红色或强红色(长波较强)，中等至强红色(长波较强)；助溶剂法吉尔森型无荧光
吸收光谱	除助溶剂法吉尔森型具427nm铁吸收线外，其他吸收同天然祖母绿
放大检查	助溶剂法：助溶剂残余(面纱状、网状、有时呈小滴状)，铂金片，硅铍石晶体，均匀的平行生长面 水热法：针状包体("钉头"为硅铍石晶体，"钉尖"为气-液两相包体)，树枝状生长纹，硅铍石晶体，金属包裹体，无色种晶片，平行线状微小的两相包裹体，平行管状两相包裹体
红外光谱	助溶剂法合成祖母绿无水吸收峰

2. 常见颜色

合成祖母绿常见中等至深绿色、蓝绿色、黄绿色。

五、合成绿柱石

英文名称：synthetic beryl；材料名称：合成绿柱石。

1. 材料性质

材料性质与合成祖母绿一致。

2. 常见颜色

合成绿柱石常见中等至深绿色、蓝绿色、黄绿色。

六、合成碳硅石

合成碳硅石是被人们称为"莫桑石"、"魔星石"的一种新的实验室合成珠宝，是钻石的一种仿制品，天然的碳硅石通常存在于陨石中，但粒度很小，所以合成碳硅石成为必然。

1. 特性

宝石名称	合成碳硅石
化学成分	SiC
矿物名称	合成碳硅石
折射率	2.648～2.691

续上表

双折射率	0.043
轴性、光性	一轴(+),非均质体
相对密度	3.22(±0.02)
硬度	9.25
光泽	亚金刚光泽
解理和断口	无
晶系	六方晶系
吸收光谱	无特征或低于424nm弱吸收
包裹体特征	点状、丝状包体

2. 颜色

合成碳硅石的颜色以淡色为主,有浅绿色、浅黄色,大部分为无色或白色中带有绿色、黄色或灰色。

七、合成立方氧化锆

合成立方氧化锆也亦称"CZ钻",因为最早是由苏联人合成并在20世纪70年代作为钻石的仿冒品成功地推向市场,在市场上也被人们称为"苏联钻",是一种加入稳定剂及多种致色元素的仿钻原料(图1-205、图1-206)。

1. 特性

宝石名称	合成立方氧化锆
化学成分	ZrO_2 常加 CaO 或 Y_2O_3 等稳定剂及多种致色元素
矿物名称	合成立方氧化锆
折射率	2.15(+0.030)
双折射率	无
轴性、光性	晶质体
相对密度	5.80(±0.20)
硬度	8.5
光泽	亚金刚光泽
解理和断口	无
晶系	等轴晶系
吸收光谱	因致色元素而异
包裹体特征	通常洁净,可含未熔氧化锆残余,有时呈面包渣状气泡

2. 晶体外形及结晶习性

合成立方氧化锆的结晶状态为晶质体,属于等轴晶系,晶体的习性为块状。

图1-205 合成立方氧化锆晶体

图1-206 各种颜色合成立方氧化锆

3. 包裹体特征

因为合成立方氧化锆是最理想的仿钻原料,所以通常比较洁净,可含未熔氧化锆残余,有时还会呈面包渣状,含有气泡。

4. 常见颜色

合成立方氧化锆可有各种颜色,最常见的是无色,还有粉色、红色、黄色、橙色、蓝色、黑色等。因所加的致色元素不同而呈现出不同的颜色。

5. 相似宝石

合成立方氧化锆是天然钻石的顶级的人造钻石的替代品为之一,与合成立方氧化锆相似的主要是无色系列宝石,如钻石、合成碳硅石、无色锆石、无色蓝宝石等。

九、玻璃

玻璃是一种熔融后冷却至固态未析晶的无定型的较为透明的物质,属于硅酸盐类的非金属材料,属于混合物。

1. 特性

宝石名称	玻璃
化学成分	SiO_2
矿物名称	玻璃
折射率	1.470～1.700(含稀土元素玻璃1.80±)
双折射率	无
轴性、光性	均质体,常见异常光性

续上表

相对密度	2.3～4.5
硬度	5～6
光泽	玻璃光泽
解理和断口	无解理／一般为贝壳状断口
结晶状态	非晶质体
吸收光谱	特征不明显，因致色元素而异

2. 晶体外形及结晶习性

由玻璃的定义知道，玻璃为非晶质体，不具备晶质体的特征。

3. 包裹体特征

玻璃属于人工合成品，内部可能有气泡，表面有洞穴、拉长的空管和流动线。

4. 原料主要产地

世界上有合成玻璃技术的地方都可以产出玻璃。

5. 常见颜色

玻璃有各种颜色，如黑色、深蓝色、棕色、浅色至无色（图1-207～图1-210）。

图1-207　蓝色玻璃

图1-208　橄榄绿玻璃

图1-209　绿色玻璃

图1-210　蓝绿色玻璃

6.相似宝石

玻璃可以根据需要仿制大部分天然珠宝玉石,如无色玻璃仿钻石,红色玻璃仿红宝石,绿色玻璃仿祖母绿、翡翠等。

十、塑料

塑料是利用单体原料以合成或缩合反应聚合而成的材料,由合成树脂及填料、增塑剂、稳定剂、润滑剂、色料等添加剂组成的,主要成分是碳、氢、氧。其玻璃化温度或结晶聚合物熔点在室温以上,添加辅料后能在成型中塑制成一定的形状。塑料为合成的高分子聚合物,也是一般所俗称的塑料或树脂,可以自由改变形体样式。

1. 特性

宝石名称	塑料
化学成分	主要成分 C、H、O
矿物名称	塑料
折射率	1.46~1.70
双折射率	无
轴性、光性	均质体
相对密度	1.05~1.55
硬度	1~3
光泽	蜡状光泽,玻璃光泽
解理和断口	无
晶系	非晶质体
吸收光谱	特征不明显

2. 晶体外形及结晶习性

塑料是一种高分子聚合物,为非晶质体。

3. 包裹体特征

塑料是人工合成的一大品种,具有人工合成品的众多性质,如内含气泡、流动线及橘皮效应,还有浑圆状刻面棱线。

4. 原料主要产地

和很多人工合成品一样,凡是有这种合成技术的地方都有塑料产出,遍及世界各地。

5. 常见颜色

通常所用的塑料并不是一种纯物质,它是由许多材料配制而成。其中高分子聚合物是塑料的主要成分,此外,为了改进塑料的性能,还会在聚合物中添加各种辅助材料,如填料、润滑剂、增塑剂、稳定剂、着色剂等。塑料的最主要成分——合成树脂的本色大都是白色半透明或无色透明的,在工业生产中常利用着色剂来增加塑料制品的色彩。塑料最常见的有红色、橙黄、黄色等。

6. 相似宝石

塑料的原材料决定了其本身的品质,所以塑料适合仿各种轻质和折射率较低的宝石,通常是仿有机宝玉石,如仿珍珠、琥珀、欧泊、象牙及玳瑁等。

课后思考题

1. 金刚石与钻石在含义上有何不同?
2. 金刚石与石墨的化学成分都是 C,为什么硬度相差这么大?
3. 钻石为什么那么昂贵?
4. 国际上评价钻石的 4C 标准是什么?
5. 与钻石相似的几种宝石名称。
6. 为何将红宝石、蓝宝石称为"姐妹宝石"?
7. 红宝石、蓝宝石为什么能够成为五大名贵宝石之一?
8. 世界上最好的红宝石、蓝宝石产于哪里?最好的颜色是什么?
9. 与祖母绿宝石相似的宝石有哪些及其区别是什么?
10. 自然界能产生星光效应的宝石有哪些?
11. 简述猫眼石、变石的鉴别和评价方法。
12. 简述锆石与合成尖晶石、合成蓝宝石、合成金红石、玻璃的区别。
13. 锆石与钻石有何区别?
14. 钙榴石系列的主要品种有哪些?铝榴石系列的主要品种有哪些?
15. 简述合成尖晶石的主要鉴别特征。
16. 橄榄石与锆石、碧玺、磷灰石如何鉴别?
17. 托帕石的主要品种有哪些?
18. 素面的黄色碧玺、黄色蓝宝石、黄水晶以及黄色托帕石如何区别?
19. 简述水晶、石英二者的区别。
20. 翡翠的颜色有哪些?翡翠的质地由好到差的大致顺序是什么?
21. 翡翠组合色包括哪些?哪种组合色代表了"福禄寿"之意?
22. 翡翠的"翠性"结构可以从哪几方面表现出来?
23. 如何划分翡翠 A 货、B 货、C 货、B+C 货?

24. "中国四大名玉"是指哪四种玉？分别说出它们的产地。
25. 如何鉴别和田玉、岫玉、独山玉？
26. 和田玉按颜色分有哪些品种？
27. 绿松石的品种有哪些？
28. 软玉按颜色可分为哪些品种？
29. 欧泊与其合成品如何鉴别？
30. 天然珍珠和养殖珍珠如何区别？

第二章　宝玉石绘图基本知识

珠宝首饰的制图目前还没有统一的制图标准,首饰企业都是应用各自的企业标准,图纸表达方式各有特点,为适应现代化生产需要和便于进行技术交流,图样的格式和表示方法必须有统一的规定,在没有制定珠宝首饰的制图标准前,运用国家制图标准来规范珠宝首饰的行业标准是一个很好的办法。

第一节　国家制图标准介绍

国家标准《技术制图》是工程界的基础技术标准,是阅读技术图样、绘图、设计和加工的准则和依据,在生产和技术交流中通过图样来表达设计意图。珠宝首饰的制作是根据设计图纸进行的,所以图样是工业生产和科技部门的一种重要技术资料。被人们比喻为"工程界的语言",必须严格遵守。

国家标准简称"国标",代号"GB"。本章仅介绍宝玉石绘图用到的图幅、比例、字体、图线、尺寸等基本规定。

一、图纸幅面和图框格式(根据 GB\T 14689—1993)

图纸幅面和图框格式的规定,使技术文件统一装订格式,便于保存和进行技术交流(表 2-1、图 2-1)。

表 2-1　图纸基本幅面

幅面代号		A0	A1	A2	A3	A4
幅面尺寸 B×L		841×1 189	594×841	420×594	297×420	210×297
周边尺寸	C	20			10	
	C	10			5	
	A	25				

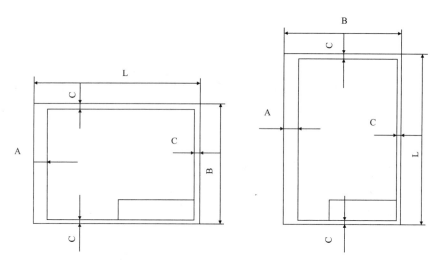

图 2-1 珠宝首饰绘图常用图幅

二、比例(根据 GB\T 14690—1993)

图中图形与实物相应要素的线性尺寸之比称比例。实物与图样比值为1的比例,即 1∶1 称为原值比例,比值大于1的比例为放大比例,比值小于1的比例为缩小比例。通常用原值比例画图,当宝玉石过大或过小时,可将它缩小或放大画出,所用比例应符合表 2-2 中的规定。

表 2-2 图纸比例

种类	优先选用	允许选用
与实物相同	1∶1	
放大比例	5∶1 2∶1 5×10^n∶1 2×10^n∶1 1×10^n∶1	4∶1 2.5∶1 4×10^n∶1 2.5×10^n∶1
缩小比例	1∶2 1∶5 1∶10 1∶2×10^n 1∶5×10^n 1∶10^n	1∶1.5 1∶2.5 1∶3 1∶4 1∶6 1∶1.5×10^n 1∶2.5×10^n 1∶3×10^n 1∶4×10^n 1∶6×10^n

注:n 为正整数。

比例一般应标注在标题栏中的比例栏内。必要时,可在视图名称的下方或右侧标注。

三、字体(GB\ T 14691—1993)

图样中书写的字体必须做到字体工整、笔画清楚、间隔均匀和排列整齐。

宝石常用字体尺寸有：1.8mm，2.5mm，3.5mm，5mm，7mm，10mm。

用作指数、分数、极限偏差和注脚等的数字及字母，一般应采用小一号字体(图2-2～图2-4)。

珠宝首饰设计制图

图 2-2　规范字体

图 2-3　阿拉伯数字和示例

ABCDEFGHIJKLMN

OPQRSTUVWXYZ

abcdefghijklmn

opqrstuvwxyz

图 2-4　字母示例

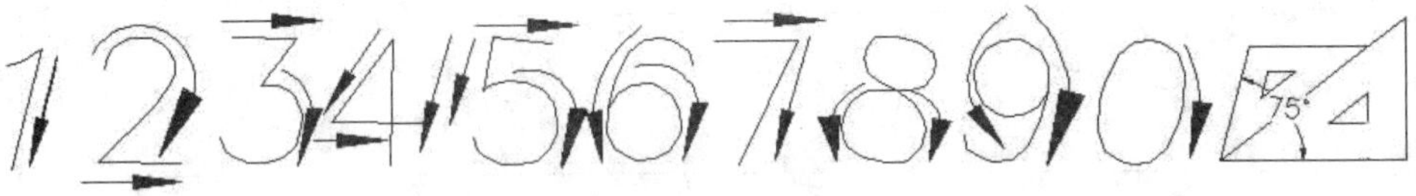

四、图线(根据 GB\T 17450—1998、GB\T 4457.4—2002)

所有线型的图线宽度 d 应按图样的类型、尺寸大小和复杂程度在下列数系中选择:0.13mm,0.18mm,0.25mm,0.35mm,0.5mm,0.7mm,1mm,1.4mm,2mm。线宽 d 数系的公比为 $1:2(\approx 1:1.4)$。

粗线、中粗线和细线的宽度比率为 $4:2:1$。图样一般采用粗、细两种图线,宽度的比例为 $2:1$(表 2-3)。

表 2-3 常用图线

名称	线型	一般应用
粗实线	———————————	1. 可见轮廓线; 2. 可见过度线
细实线	———————	1. 尺寸线与尺寸界线;2. 剖面线;3. 重合断面轮廓线;4. 引出线;5. 分界线及范围线;6. 弯折线;7. 辅助线
细虚线	⟵12d⟶ ⟵3d⟶ - - - - -	1. 不可见轮廓线; 2. 不可见过渡线
细点画线	⟵24d⟶ 3d 0.5d	1. 轴线;2. 对称中心线;3. 轨迹线;4. 节圆及节线
细双点画线	⟵24d⟶ 3d 0.5d	1. 相邻辅助零件的轮廓线;2. 极限位置的轮廓线;3. 坯料的轮廓线或毛坯图中制成品的轮廓线;4. 假想投影轮廓线;5. 中断线
波浪线 (徒手连续线)	～～～～～	1. 断裂处的边界线; 2. 局部剖视图中视图和剖视的分界线
双折线	—／＼—／＼—	断裂处的边界线

注:图线的长度 $\leqslant 0.5d$ 时称为点。

五、尺寸注法(根据 GB\T 4458.4—2003、GB\T 16675.2—1996)

1. 基本规则

(1)宝玉石的真实大小应该以图样上所注的尺寸数值为依据,与图形的大小及绘图的正确度无关。

(2)图样的尺寸一般以毫米为单位,不需标注计量单位的代号或名称。考虑到珠宝首饰都是比较细小的零件,且美学上的曲线较难标尺寸,按 1∶1 画图样时可以不标尺寸。

(3)宝玉石的每一尺寸一般只标注一次,并应标注在反映该结构最清晰的图形上。

(4)图样中所标注的尺寸为最后完工尺寸,否则应另加说明。

2. 线性尺寸的注法

一个完整的线性尺寸包括尺寸界线、尺寸线和尺寸数字,如图 2-5 所示。

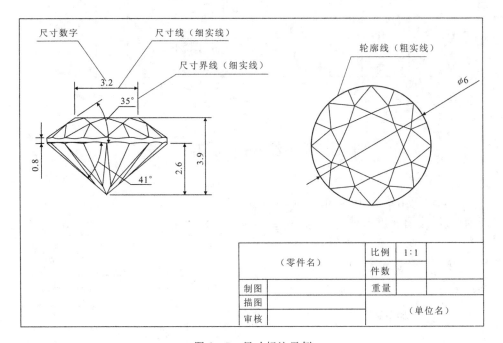

图 2-5 尺寸标注示例

(1)尺寸界线。尺寸界线用细实线绘制,并应由图形的轮廓线、轴线或对称中心线引出。

(2)尺寸线。尺寸线表明尺寸的长短,必须用细实线单独绘制。

(3)尺寸数字。线性尺寸的数字一般写在尺寸线的上方,也允许写在尺寸线的中断处。

六、剖面符号

剖面符号如图 2-6 所示。

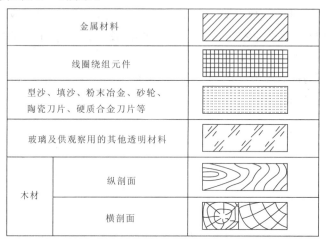

图 2-6 剖面符号

第二节 绘图工具的用法

正确地使用绘图工具,能提高图面质量、绘图速度。珠宝首饰手绘常用的绘图工具有图板、丁字尺、三角板、圆规、分规、擦线板、宝玉石模板等。

一、图板和丁字尺

图板的工作表面应平坦,左右两导边应平直。图纸可用胶带纸固定在图板上。丁字尺主要用来画水平线,配合三角板可以画垂直线或斜线(图 2-7)。

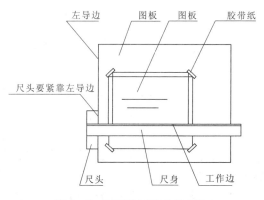

图 2-7 图板和丁字尺的用法

二、三角板

三角板和丁字尺配合使用,可画垂直线 30°、45°、60°各种斜线(图 2-8)。

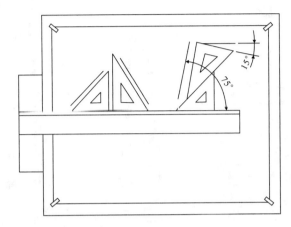

图 2-8　用三角板和丁字尺配合画垂直线和各种角度的直线

三、绘图仪器

盒装绘图仪器有 3 件、5 件、7 件等。用得最多的是分规和圆规。

1. 分规

分规可以用来等分线段、从尺上量取尺寸,在画三视图时是最好用的量取工具。分规有两种[图 2-9(a)、图 2-9(b)],当被截取的尺寸小而又要求精确时,最好使用弹簧分规[图 2-9(a)]。

2. 圆规

圆规[图 2-9(c)]的钢针又分两种不同的针尖,画大圆或大圆弧时,应使用台阶的一端,若需画特大的圆或圆弧,可将延伸杆接在圆规上使用。

画粗实线圆时,为了得到较满意的效果,圆规上的铅笔芯应比画直线的铅笔芯软一级。

画小圆时最好使用弹簧圆规或点圆规。

3. 宝玉石设计模板

手绘设计如果宝玉石是常用的规格,用模板画更快速,但是天然宝玉石特别是贵重的宝玉石,要根据材料的实际外形和重量设计,设计出来的尺寸没有模板上的常规尺寸,要用手绘方法或电脑设计的方法作图(图 2-10)。

(a) 弹簧分规　　　　(b) 分规　　　　(c) 圆规

图 2-9　弹簧分规(a)、分规(b)和圆规(c)

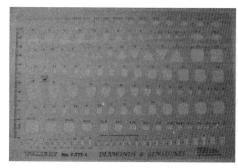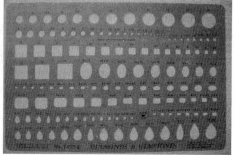

图 2-10　宝玉石设计模板

四、铅笔

铅笔笔芯的软硬用 B、H 表示：B 前数字愈大表示铅芯愈软；H 前数字愈大表示铅芯愈硬。建议绘粗实线时使用 HB 或 B 铅芯；画细实线、点画线等用 H 铅芯；写字、画箭头用 HB 铅芯。

第四节 宝玉石设计常用的几何作图

圆周的等分(正多边形)、斜度、锥度、平面曲线等几何作图方法是绘制珠宝首饰工程图样的基础,应当熟练掌握。

一、正多边形画法

五等分圆周和正 n 边形画法分别见图 2-11 和图 2-12。

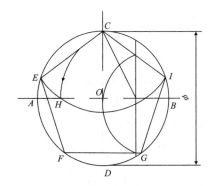

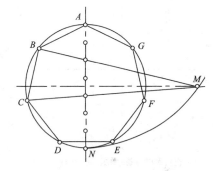

图 2-11　正五边形的画法　　　　图 2-12　正 n 边形的画法

用三角板配合丁字尺也可作圆的内接正六边形或外切正六边形(图 2-13)。

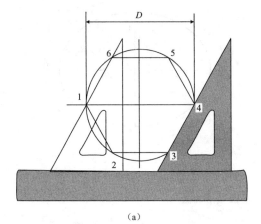

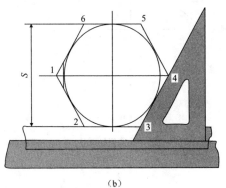

(a)　　　　　　　　　　　　　(b)

图 2-13　用丁字尺、三角板作圆的内接(a)或外切(b)正六边形

第三节　宝玉石常见的腰围画法

一、蛋形画法（四心圆画法）

常用的蛋形尺寸有 1.5×3、2×4、3×5、4×6、5×7、6×8、7×9、8×10、9×11。画法如图 2-14 所示。

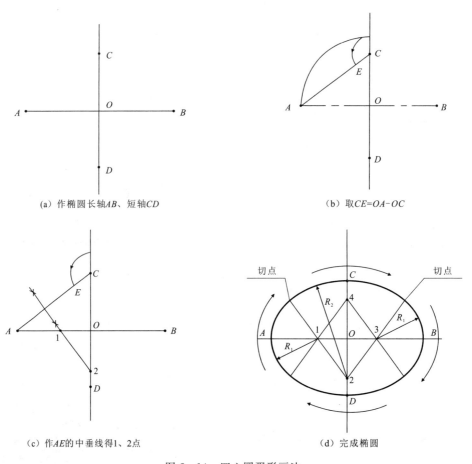

(a) 作椭圆长轴 AB、短轴 CD　　　　(b) 取 $CE=OA-OC$

(c) 作 AE 的中垂线得 1、2 点　　　　(d) 完成椭圆

图 2-14　四心圆蛋形画法

二、心形画法

常用的心形尺寸有 2×2、3×3、4×4、5×5、6×6、7×7、8×8、9×9、10×10。

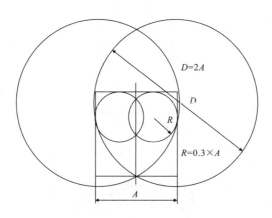

图 2-15 心形画法

按心形常用尺寸画出矩形,以 R 为半径画小圆与矩形任意两相邻边相切,如图 2-15 所示,以 D 为直径画两个大圆,且与小圆相切,与未跟小圆相切的矩形边交于其中点。擦去多余的辅助线即可得我们需要的心形。

三、梨形画法

常用的梨形尺寸有:1.5×3、2×4、3×5、4×6、5×7、6×8、7×9、8×10、9×11。

画矩形 $B\times A$,画小圆分别与矩形任意三边相切,如图 2-16 所示,以 D 为直径画两个大圆,且与小圆相切,与未跟小圆相切的矩形边交于其中点。擦去多余的辅助线即可得到我们需要的梨形。

四、马眼画法

常用的马眼形尺寸有 1.5×3、2×4、2.5×5、3×6、4×8、5×10、6×12。

先按马眼常用尺寸画一个矩形(图 2-17),再分别以矩形的两个长边(长为 A)为直径画两个小圆,以 $0.9A$ 为半径画大圆,且与小圆相切,与矩形短边交于其中点。擦去多余的辅助线即可得到我们需要的梨形。

五、肥三角画法

常用的肥三角型尺寸有 2×2、3×3、4×4、5×5、6×6、7×7、8×8、9×9、10×10。

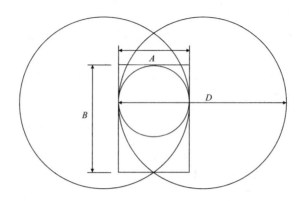

图 2-16　梨形画法

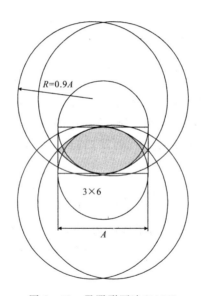

图 2-17　马眼形画法(3×6)

以标称尺寸作一个等边三角形,分别以各顶点为圆心、以三角形边长为半径作圆形,相交的轨迹就是我们需要的图形(图 2-18)。

六、粽形的画法

常用的粽形尺寸有 2×2、3×3、4×4、5×5、6×6、7×7、8×8、9×9、10×10。其画法如图 2-19 所示。

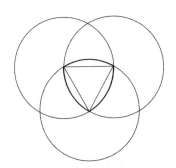

外接圆半径=公称尺寸

以公称尺寸作一个等边三角形，分别以各顶点为圆心、以三角形为半径作圆形相交的轨迹就是我们需要的图形。

图 2-18　肥三角画法

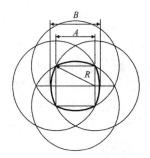

$B=2R-A$
$R=A/\cos 26.5°$
$A=2R-B$
$R=B/1.105$

$A=2(B/1.105)-B$
$=0.81B$

图 2-19　粽形画法

七、梅花画法

常用的梅花形尺寸有 $4×4$、$5×5$、$6×6$、$7×7$、$8×8$、$9×9$、$10×10$。画法如图 2-20 所示。

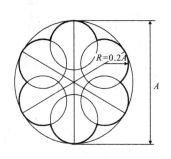

图 2-20　梅花形画法

八、祖母绿形(倒角或小八角)

常用的祖母绿形尺寸有 1.5×3、2×4、3×5、4×6、5×7、6×8、7×9、8×10、9×11。画法如图 2-21 所示。

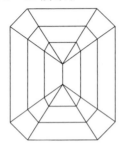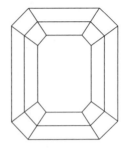

图 2-21　祖母绿形画法(9×11)

以 9×11 尺寸画出矩形,然后取宽的 1/8(1/6)向里偏移,在长边取宽边的 1/2 为辅助线作出 45°角,最外边倒角取矩形宽的 1/6,然后连接两个 1/6 线段点得到倒角如图所示;最后连接倒角点和 45°角顶点间的线段,再把多余的线去掉。

九、正方形、长方形、梯形

常用的尺寸如下。

正方形:1.5×1.5、2×2、2.5×2.5、3×3、4×4、5×5、6×6、7×7、8×8、9×9、10×10。

长方形:1×2、2×3、2×4、3×5、4×6、5×7、6×8、7×9、8×10、9×11、10×12。

梯形:2×1.5×1、2.5×1.5×1、3×1.5×1、3.5×1.5×1、4×2×1、5×2.5×1。画法如图 2-22 所示。

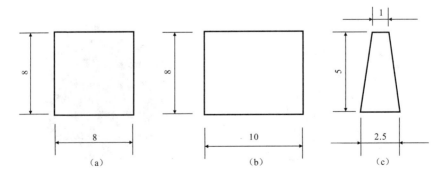

图 2-22　正方形(a)、长方形(b)和梯形尺寸(c)

十、标准圆钻形、蛋形手绘画法

标准圆钻形各部分名称如图 2-23 所示。

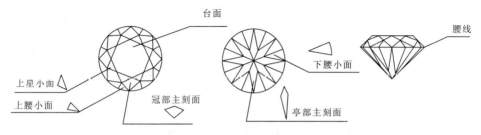

图 2-23 标准圆钻形部分名称

标准圆钻形手绘画法如图 2-24 所示。

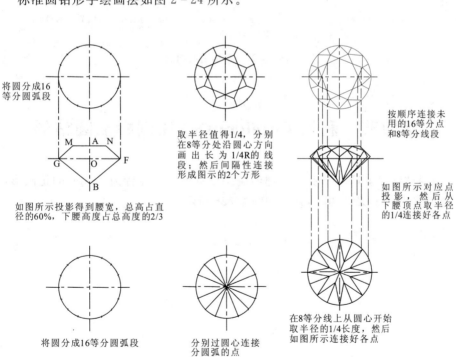

图 2-24 标准圆形手绘画法

蛋形手绘画法如图 2-25 所示。

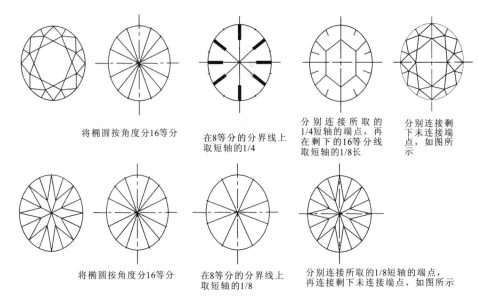

图 2-25　蛋形手绘画法

第四节　利用 CoreldrawX4 绘制标准圆钻形

选择"椭圆工具",按住 Ctrl 键绘制一个宽度和高度皆为 40mm 的正圆形,并设置其坐标位于 $X:100,Y:100$,如图 2-26 所示。

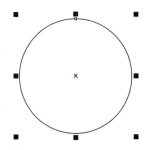

图 2-26　绘制 40mm 圆

选择"贝塞尔"工具,按住 Ctrl 键在圆形中间绘制一条直线,纵向长度为 40mm,中心为 $X:100,Y:100$,如图 2-27 所示。

从"排列"下拉菜单中选择"变换"工具栏,选择直线,在"变换"工具栏中选择"旋转",并设置旋转角度为 22.5°,中心为 $X:100,Y:100$,点击 7 次"应用到再制"按键,使圆形平均分为 16 等分。如图 2-28 所示。

选择"多边形"工具,在属性栏中设置其边数为 8,中心为 $X:100,Y:100$,尺寸按 60%,即高、宽皆为 24mm,按住 Ctrl 键,绘制出一个正八边形,填充白色,旋转 22.5°。如图 2-29 所示。

使用"贝塞尔工具",在图中三点绘制一个等腰三角

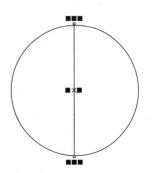

图 2-27 在椭圆中间绘制一条直线

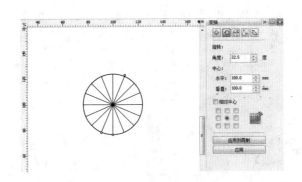

图 2-28 将圆作 16 等分

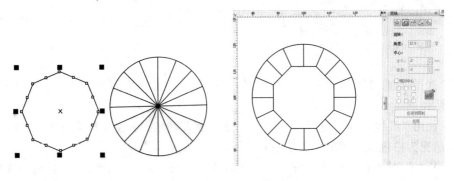

图 2-29 绘制一个正八边形

形,并填充为白色,如图 2-30 所示。

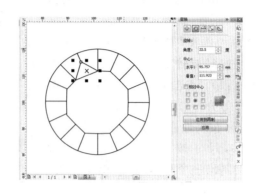

图 2-30　绘制等腰三角形

从"排列"下拉菜单中选择"变换"工具栏,选择"旋转",角度为 45°,中心为 X:100,Y:100,点击 7 次"应用到再制"按键,共产生 8 个三角形小面。如图 2-31 所示。最终效果如图 2-32 所示。

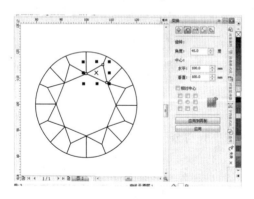

图 2-31　绘制出另外 7 个三角形小面

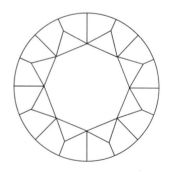

图 2-32　最终效果图

选择"矩形工具",画一个任意矩形,并点击右键将矩形转换成曲线。如图 2-33 所示

使用"形状工具",将矩形 4 个顶点分别放置到如图位置,形成一个新的四边形,填充为白色。如图 2-34 所示。

从"排列"下拉菜单中选择"变换"工具栏,选择四边形,在"变换"工具栏中选择"旋转",并设置旋转角度为 45°,中心为 X:100,Y:100,点击 7 次"应用到再制"按键,复制出共 7 个小面。如图 2-35 所示。

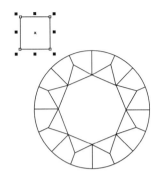
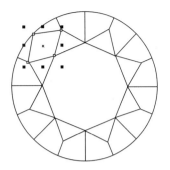

图 2-33 绘制任一矩形　　　　　图 2-34 调整矩形

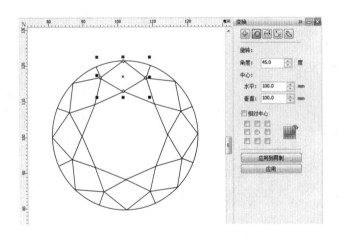

图 2-35 绘制出另外 7 个小面

完成圆形宝石冠部刻面图,如图 2-36 所示。

接下来绘制圆形宝石亭部刻面图。选择"椭圆工具",按住 Ctrl 键绘制一个 40mm 的圆形,并设置其坐标位于 $X:100,Y:100$。如图 2-37 所示。

选择"贝塞尔"工具,按住 Ctrl 键在圆形中间绘制一条直线,如图 2-38 所示。

从"排列"下拉菜单中选择"变换"工具栏,选择直线,在"变换"工具栏中选择"旋转",并设置旋转角度为 $22.5°$,中心为 $X:100,Y:100$,点击 7 次"应用到再制"按键,使圆形平均分为 16 等分。如图 2-39 所示。

图 2-36 圆形宝石冠部刻面

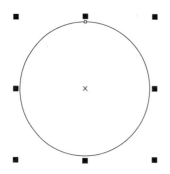

图 2-37　作 40mm 圆形

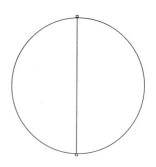

图 2-38　圆形中间绘制一条直线

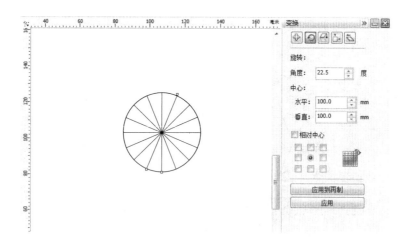

图 2-39　在圆周上作 16 等分

拉出一条辅助线，使其位于半径的四分之一处。如图 2-40 所示。

选择"矩形工具"，画出一个任意矩形，并点击右键将矩形转换成曲线。如图 2-41 所示。

使用"形状工具"，将矩形 4 个顶点分别放置在圆心、圆周、与辅助线相交的两个交点处，形成一个新的四边形，颜色为白色。如图 2-42 所示。

从"排列"下拉菜单中选择"变换"工具

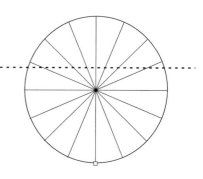

图 2-40　拉出一条辅助线

第二章 宝玉石绘图基本知识

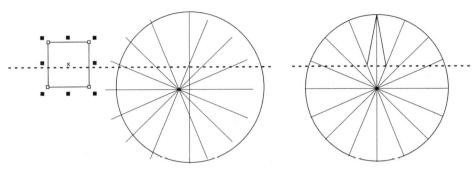

图2-41 画出一个任意矩形　　　图2-42 亭部主刻面作法

栏,选择直线,在"变换"工具栏中选择"旋转",并设置旋转角度为45°,中心为X:100,Y:100,点击7次"应用到再制"按键,完成绘制圆形宝石亭部刻面图。如图2-43所示。

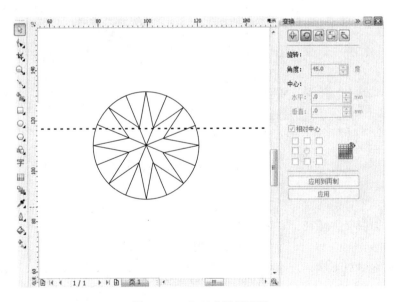

图2-43 宝石亭部刻面图

课后思考题

1. 为什么要对珠宝首饰制图进行标准化和规范化?
2. 珠宝首饰的图纸要表达的内容有哪些?
3. 使用 CoreldrawX4 绘制圆形宝石的冠部刻面图。

第三章　宝石琢型设计

第一节　计算机辅助设计

一、软件概述

宝石设计是一个较复杂的过程。一般来讲设计者拿到一块原材料以后,经过仔细思考才动手琢磨,如果在这过程里面出现错误或不理想的情况,就要推倒重来,浪费了时间和材料。此外,在设计过程中还要进行大量的计算。为了更好地解决这些问题,我们可以充分利用计算机辅助进行宝石设计。

其实,很多工程设计软件如 SOLIDWORKS,PRO/ENGINEER,AUTOCAD 都可以用来设计宝石,但是没有光效分析功能。

GEMCAD FOR WINDOWS 是一种用于刻面宝石琢型设计的电脑设计软件。其作者 Robertw Strickland 在 1990 年开发 GEMCAD FOR DOS 以后,2002 年又开发了 GEMCAD FOR WINDOWS(以后简称 GEMCAD),它简单实用,界面清晰,操作方便,是宝石设计者不可缺少的软件(图 3-1)。

A—主菜单,含有 File,Edit,View,Preforn,Raytrace,Help。

B—工具栏,包括 New,Open,Save,Searchdatavue,Print,Printpreviewdiagram,Undo,Redo,Copy,Transfer,Index,Gear。

C—数据框:用来输入宝石刻面的角度,分度。

D—明细框:宝石刻面的角度,分度的明细。

E—坐标栏:显示作图时该点的坐标。

二、设计流程

在 GEMCAD 的示范教材(说明书)里,其设计流程如图 3-2 所示。

在实际生产中,根据 4C 的原则,石坯的高度控制在 60%~70%之间,先磨冠部再磨亭部。根据生产和设计经验,流程应如图 3-3(大批量生产的宝石台面已切磨抛光)。

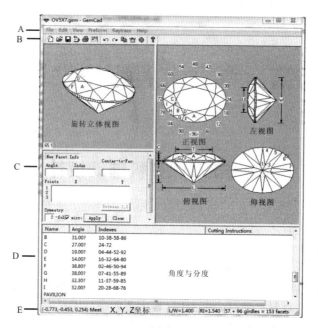

图 3-1 GEMCAD 的屏幕界面

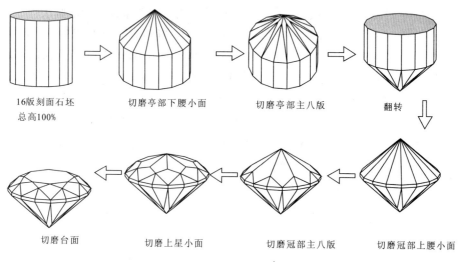

图 3-2 原 GEMCAD 设计流程

第三章 宝石琢型设计

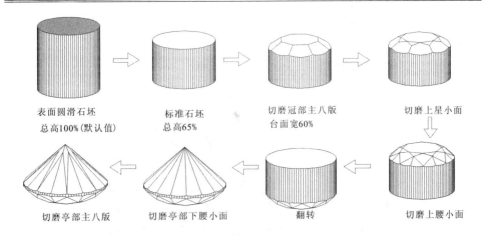

图3-3 按生产实际设计流程

三、琢型设计

1. 设计石坯

GEMCAD 说明书里的石坯表面是刻面石坯,其刻面与宝石的腰版是一样的,不符合生产实际,所以,工厂生产的石坯表面都是圆滑的。

在 New facet info 的窗口输入数据。如图3-4所示,在 Angle 输入 90,在 In

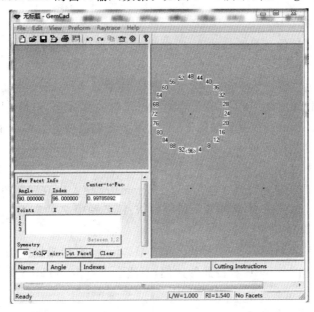

图3-4 石坯设计

-dex输入96,在Symmetry输入48(为了使石坯表面圆滑,可设置在48~200之间),再点击Apply(或cut facet)。其效果如图3-5所示。

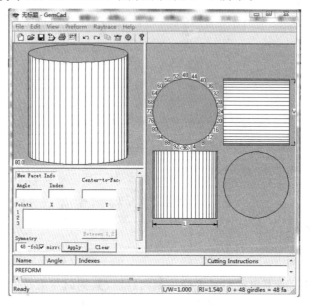

图3-5 石坯

2. 设计应用石坯

应用石坯是软件开机默认的石坯,总高是100%,而在生产实际中大都是65%左右。

在GEMCAD里最后一栏(图3-1)的E,其中Z坐标决定石坯的高度。

在Angle输入0,在Index输入0,在Point输入X、Y、Z坐标1、1、0.3,如图3-6所示。点击Apply,其效果如图3-7,这就是我们需要的总高65%的应用石坯了(从X、Y、Z的坐标数值可计算出来)。

3. 设计冠部主面

在Angle输入35,在Index输入96,在Symmetry输入8,在四视图中的俯视图的台面下侧用鼠标点一下,注意最下一栏中的X、Y、Z轴中Z的数据。该数据决定台面的大小,会再修改。

按Apply,其效果如图3-8所示。再按Use to cut其效果如图3-9所示。此时可按[file]- print preview观看台面的比例,不适合可点击Undo,重来一遍。目前该图的台面是57%。

4. 设计冠部上星小面

在Angle输入19(星版角度),在Index输入6,在主版与台面交界处96分度

第三章 宝石琢型设计

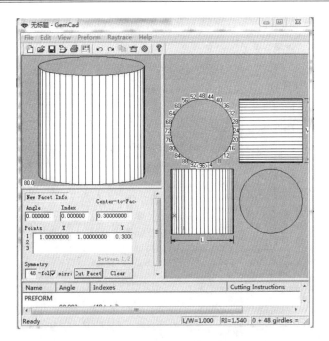

图 3-6 应用石坯设定

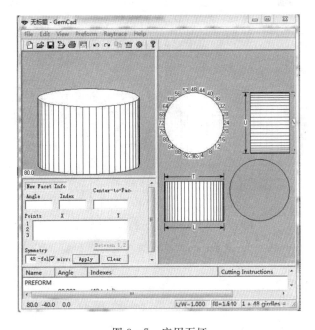

图 3-7 应用石坯

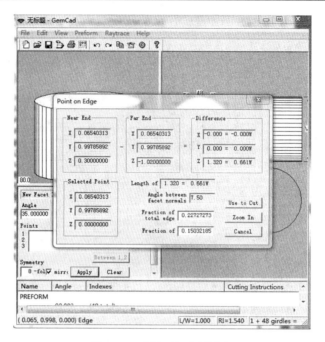

图 3-8　应用石坯数据设定

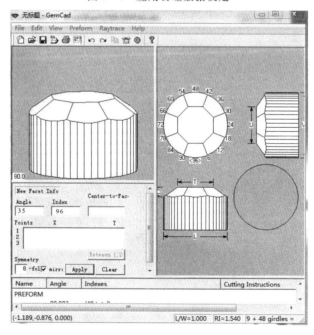

图 3-9　冠部主面

的地方用鼠标点一下,注意坐标栏的 X 坐标是 0.000,如图 3-10 所示。点击 Apply 后,屏幕显示如图 3-11 所示。

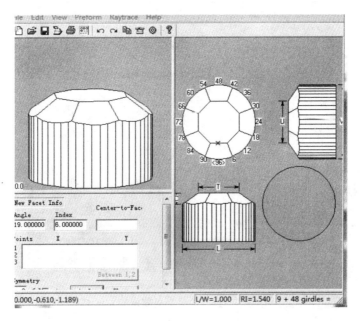

图 3-10　冠部主刻面三视图

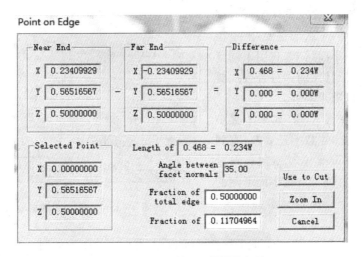

图 3-11　冠部主刻面三视图数据输入

此时点击 Use to cut,上星小面的图形如图 3-12 所示。

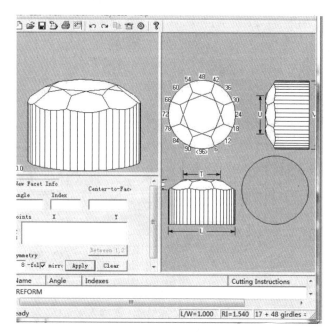

图 3-12　上星小面数据输入

5. 设计上腰小面

我们在前面说过设计宝石冠部主面的次序是：主版最重要，上星小面次之，上腰小面居末，它用来调整宝石的刻面形状比例。符合接线要求，角度可以随意调节。

在 Angle 输入 42（如果上腰小面离星或撞星，这数字还要改，直到符合为止），Index 输入 3，鼠标在冠部主面(96)右侧与上星小面下侧的交界处点一下。屏幕显示如图 3-13 所示。

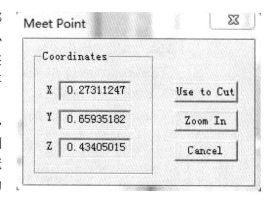

图 3-13　上腰小面数据输入

此时点击 Use to cut，再点击 Cut facet，上腰小面的图形如图 3-14 所示。

显然，现在的上腰小面撞星严重，点击 Undo 以后，重新在 Angle 输入数据（现在是输入 40.5），其效果如图 3-15 所示。至此，冠部设计完成。

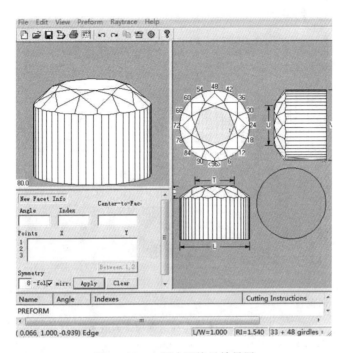

图 3-14　上腰小面撞星效果图

6. 设计亭部

点击[edit]Transfer,图形翻转如图 3-16 所示。

在 Angle 输入 42,在 Index 输入 3,鼠标在俯视图上分度 3 的附近(注意留好腰线),如图 3-16 中点击一下那个十字,屏幕显示如图 3-17。再点击 Use to cut,下腰小面就显示出来了(图 3-18)。

在 Angle 输入 41,在 Index 输入 96,鼠标在亭部腰线 96 分度处点一下,屏幕显示如图 3-19 所示。再点击 Use to cut→Apply,屏幕显示如图 3-20 所示。整个圆形就设计完成了。

※刻面命名

(1)按照切磨顺序,分别给刻面命名,以弄清各刻面的关系,特别是以后设计异形(非圆形)宝石时,尤其有用。习惯是冠部标字母,亭部标数字。

(2)可利用[edit]Rename in order 命令,这时会弹出一个对话框,如图 3-21 所示。点击 OK,此时,屏幕的各刻面就按切磨顺序标上名称,如图 3-22 所示。

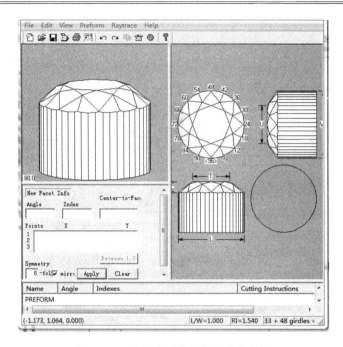

图 3-15 上腰小面数据调整后效果图

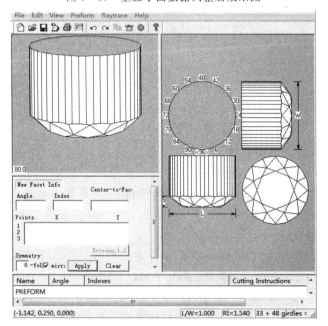

图 3-16 冠部图形翻转

第三章 宝石琢型设计

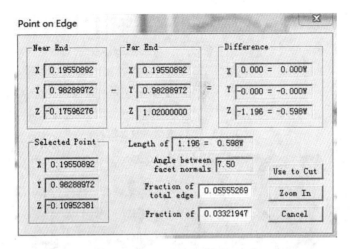

图 3-17 下腰小面数据输入

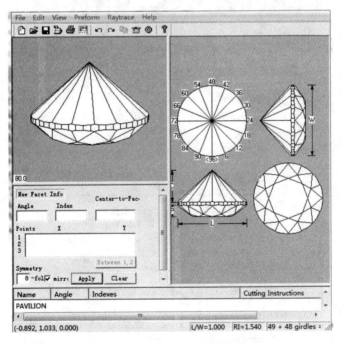

图 3-18 下腰小面数据输入

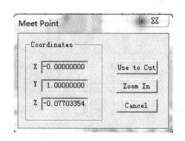

图 3-19　亭部主刻面数据输入

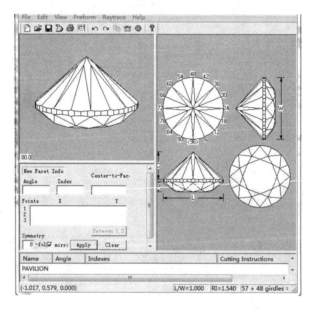

图 3-20　标准圆钻设计效果图

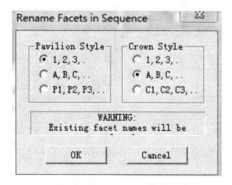

图 3-21　标准圆钻分度数据输入

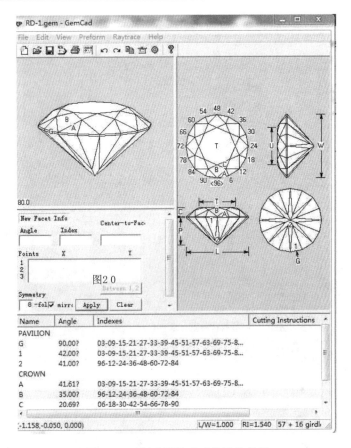

图 3-22 标准圆钻完成设计效果图

五、光效分析

不同的宝石材料具有不同的化学成分和物理性质,具有不同的折射率,所以宝石设计完成后,可以通过光效分析测试此设计能否达到理想的效果。

1. 光路跟踪

在光路跟踪以前,必须先确定材质。按[raytrace]Properties,屏幕显示如图 3-23 所示,再点击其中屏幕内的小方框,显示有水晶、黄玉、立方氧化锆、钻石等 16 种宝石材质的折射率,如图 3-24 所示。这样,我们可以清楚地知道要显示光效的宝石材质的折射率和临界角。

在四视图中的主视图用鼠标右键点一下,再看俯视图的光路。如图 3-25 所示,我们可以看见一组光线在运行。入射光与出射光是红色的,在宝石内部的光线是绿色的。

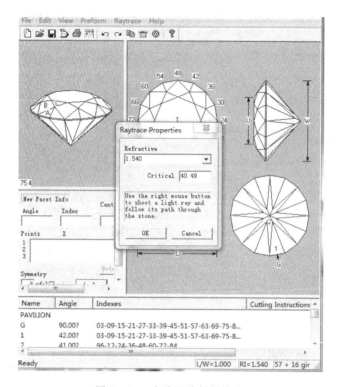

图 3-23　光路跟踪材料输入

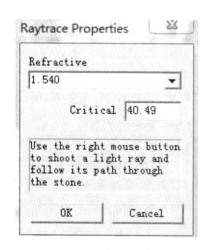

图 3-24　光路跟踪数据输入

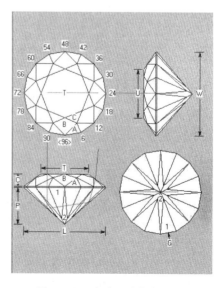

图 3-25　光路跟踪角度调整

如果要擦除那些光路，就点击 D 键进行消除。

六、改变角度

宝石设计完成后，经过光效分析，如果发现有漏光的现象，需要用修改角度的方法解决。例如，图 3-24 中亭部的主八面由 42°改成 41°，用鼠标左键点角度与分度栏的 1。屏幕显示如图 3-25，该栏发暗，如，在 New angle 处输入 41，如图 3-26 所示，再在 Apply edit 处点击一下，其效果如图 3-27 所示。注意，亭部刻面 2 的角度由原来的 41°变成 40.01°，也就是说，就亭部而言，只要改变其中的一组刻面角度，其他的刻面角度也跟着改变。

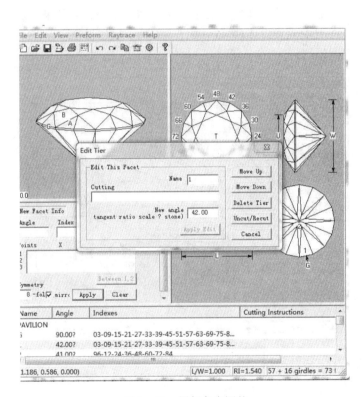

图 3-26 冠部角度调整

七、设计示例

在宝石生产过程中，应用 GEMCAD 可以解决许多不合理的设计。通过下面的例子就能看出很多问题。

图 3-28 是我们通常见过的宝石版（天然宝石版）圆形，台面 60%，总高 69%，

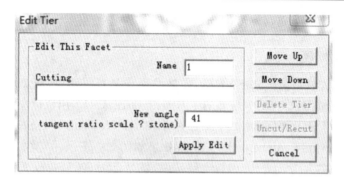

图 3-27 亭部角度调整

材料是托帕石。宝石总高很高是为了保重,我们做了光效,其效果还勉强。如果有一些较薄的材料,还是这类设计,那必须要把宝石的直径压得很小,这与保重的原则就不符了。

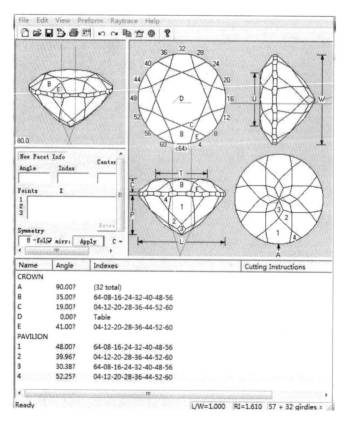

图 3-28 Topaz 设计效果图

用薄的材料,外径又要足够大,又不漏光,这才是真正地保重。用 GEMCAD 来设计就能方便地达到这种效果。

图 3-28 宝石的材质选托帕石，总高是 60%，通过 GEMCAD 做光效，明显漏光。

为了用薄的石坯也能做出漂亮的宝石，我们借用 GEMCAD 进行设计。通过光效模拟，把漏光降到最低程度，尽可能最大化利用宝石材料。

我们通过图 3-29 就能看出来。

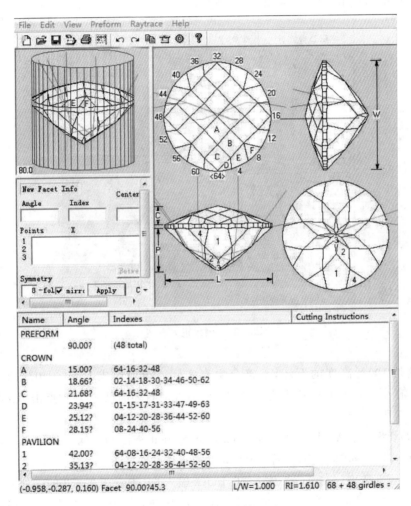

图 3-29 漏光设计效果图

该宝石的材质也是托帕石，总高度不足 60%，按平时的琢型绝对是严重漏光。但是我们对冠部的琢型进行修改，让入射光在宝石内改变角度，之后通过 GEM-

CAD 做光效,其漏光明显减少了。

1. 造型实例

为了更好介绍 GEMCAD,我们再通过一个示例来演示其造型的功能。下面做一个倒角正方。

(1) 开坯。打开 GEMCAD。[EDIT]Index gear,选 64。Angle 输入 90,Symmetry 输入 4,点击 Apply,如图 3-30 所示。

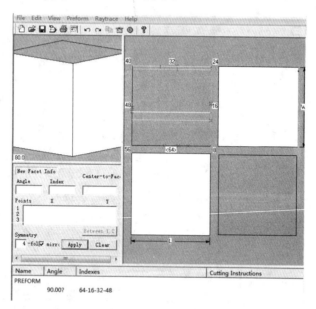

图 3-30　倒角正方石坯

这是 100% 高度的石坯,不符合生产实际。必须切成 65%～70% 的总高。Angle 输入 0,在 Points 栏里输入 0,0,0.4(此时石坯高度 70%),点击 Apply,如图 3-31 所示。

(2) 切倒角。Angle 输入 90,Index 输入 8,在正视图的下缘①处按一下,再点击 Apply,显示如图 3-32 所示,70% 高度的石坯就做好了。

(3) 冠部造型。在 Angle 输入 26,Index 输入 64,参看图 3-32 的①处点一下,切割后。再在 Angle 输入 26,在 Index 输入 8,切割后如图 3-33 所示。特别要注意的是:台面的宽度,可在打印预览处[File]Print Preview 的 U/W=? 看出。一般保证在 0.55～0.6 即可。

在 Angle 输入 38,在 Index 输入 64,在 64 那个版位中间(图 3-33①处)点一下,按 Apply(CUT),在 Angle 输入 38,在 Index 输入 8,用同样的办法,在 Angle

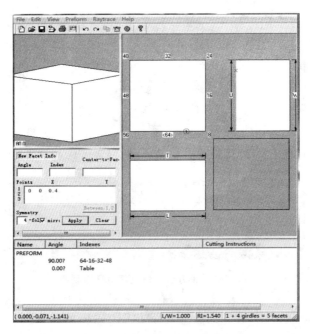

图 3-31 正方倒角数据输入

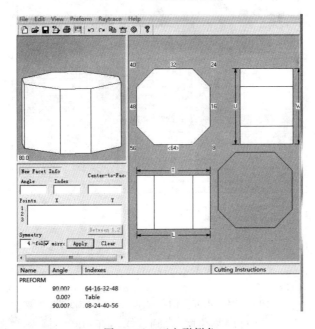

图 3-32 正方形倒角

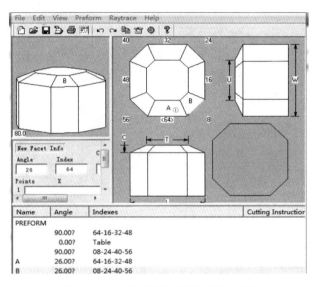

图 3-33　正方形倒角冠部上腰面刻磨

输入 38,在 Index 输入 8,在①处点一下,得出图 3-34 的效果。

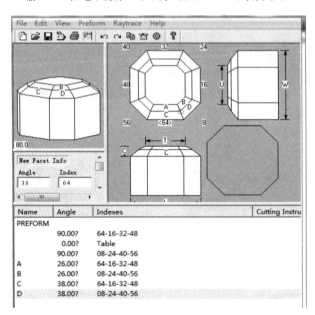

图 3-34　正方形倒角冠部上星平行面刻磨

在 Angle 输入 17.3(可调整角度,直到接线),在 Index 输入 3,在 C、D 两版的交界①处点击一下,然后按 Cut,结果如图 3-35 所示。

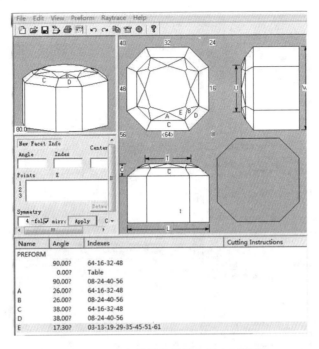

图 3-35　正方形倒角冠部上星小面刻磨

在 Angle 输入 23.5，在 Index 输入 8，在上图 E、B 版交界处①按一下，再点击 Cut，效果如图 3-36 所示。

这时，我们注意到 F 版把 B 版擦去了。也就是说，在当初的设计里也可以不琢磨 B 版，冠部就完成了。

(4)亭部造型。

[Edit]Transfer，把模型倒过来，作好亭部造型的准备。如图 3-37 所示。

在 Angle 输入 42，Index 输入 64，在图 3-37①处点一下，注意留好腰线。Cut 后效果如图 3-38 所示。

在 Angle 输入 36，在 Index 输入 2，参考图 3-38，在①处点一下，按 Cut，其效果如图 3-39 所示。

在 Angle 输入 34，在 Index 输入 4，参考图 3-39 在①处点一下，点击 Cut，其效果如图 3-40 所示。

在 Angle 输入 35.2，Index 输入 8，也同样在图 3-40 的①处点一下。效果如图 3-41 所示，倒角正方形的模型就完成了。

2. 宝石实例

为了更好地理解 GEMCAD 的设计造型功能，下面给出几个典型的宝石琢型的图例。

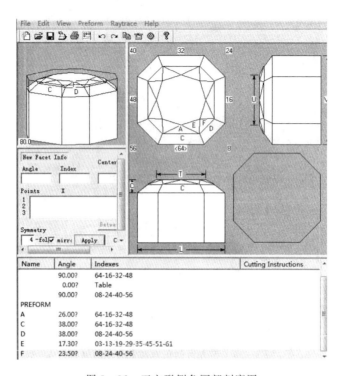

图 3-36　正方形倒角冠部刻磨图

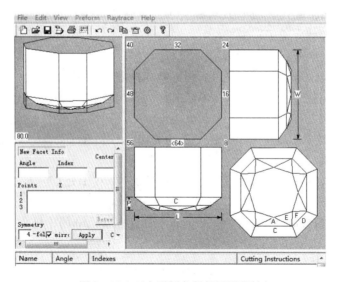

图 3-37　正方形倒角冠部图形翻转

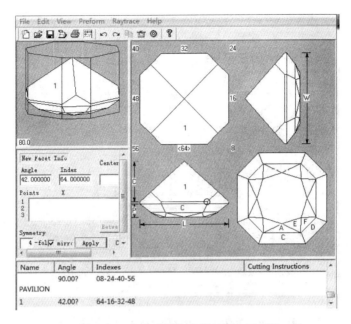

图 3-38 正方形倒角亭部下腰小面刻磨

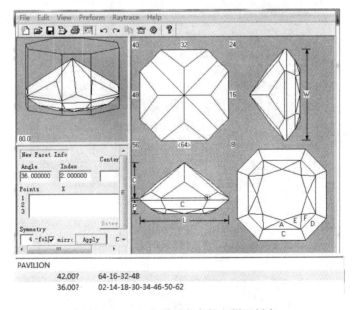

图 3-39 正方形倒角亭部主刻面刻磨

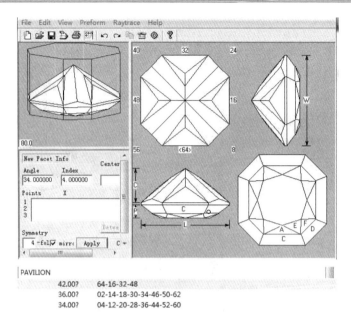

图 3-40　正方形倒角亭部下腰第一层星面刻磨

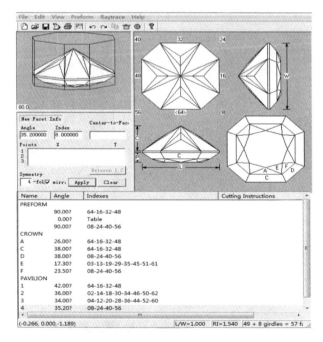

图 3-41　正方形倒角亭部下腰第二层星面刻磨

(1)圆形宝石的设计(图 3-42、图 3-43)

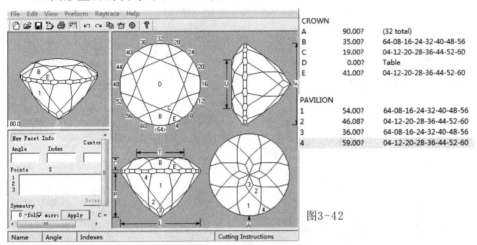

图 3-42　圆形(宝石版)

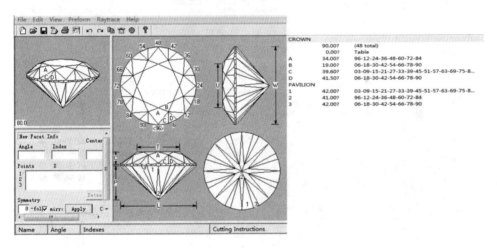

图 3-43　圆形(海奈特)

(2)椭圆形宝石的设计(图 3-44)。

(3)马眼(橄榄形)宝石的设计(图 3-45)。

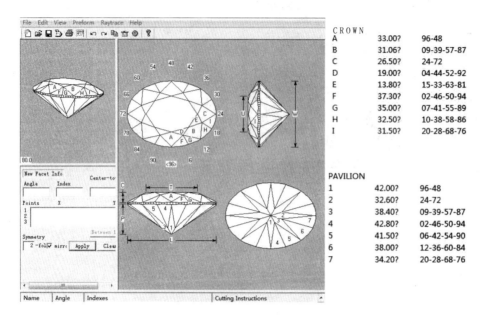

图 3-44 椭圆形

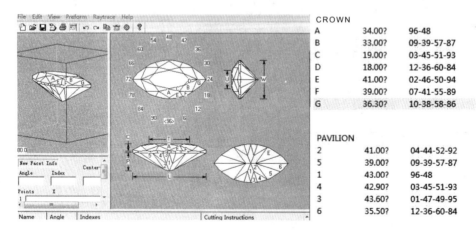

图 3-45 马眼（橄榄形）

(4)梨形宝石的设计(图 3-46)。

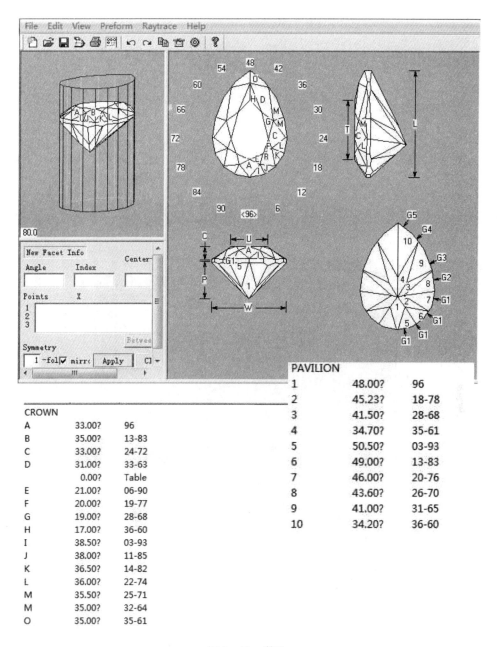

图 3-46 梨形

(5)方形宝石设计(图 3-47~图 3-52)。

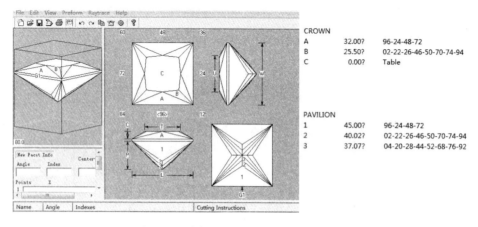

图 3-47 公主方形

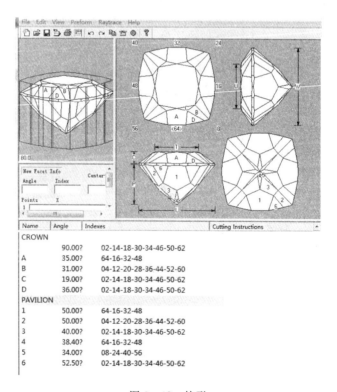

图 3-48 枕形

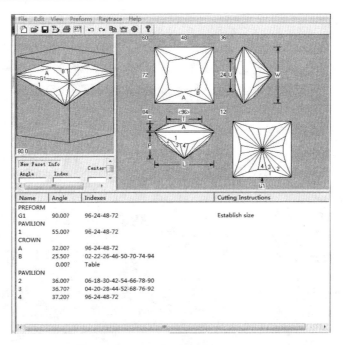

图 3-49 圆尖底正方形

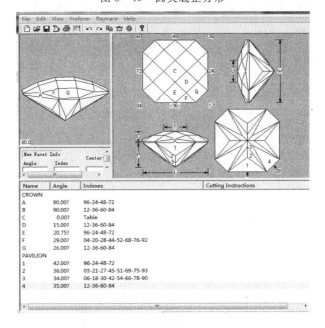

图 3-50 倒角正方形

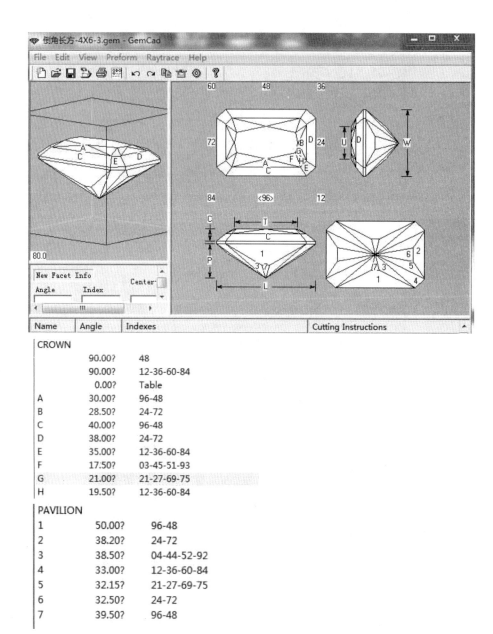

图 3-51 倒角长方形

第三章 宝石琢型设计

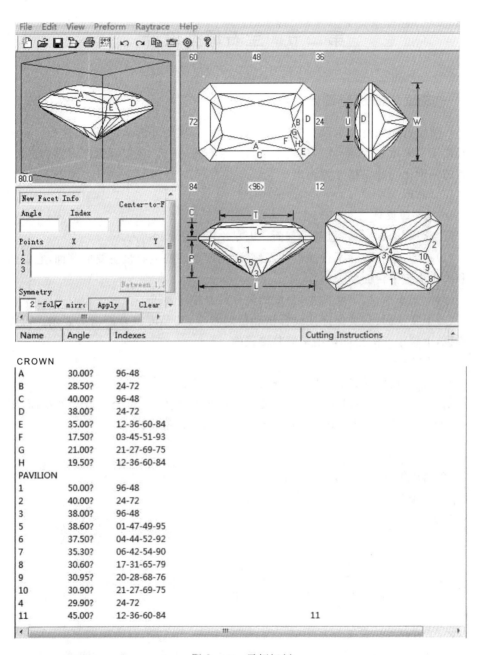

Name	Angle	Indexes	Cutting Instructions
CROWN			
A	30.00?	96-48	
B	28.50?	24-72	
C	40.00?	96-48	
D	38.00?	24-72	
E	35.00?	12-36-60-84	
F	17.50?	03-45-51-93	
G	21.00?	21-27-69-75	
H	19.50?	12-36-60-84	
PAVILION			
1	50.00?	96-48	
2	40.00?	24-72	
3	38.00?	96-48	
5	38.60?	01-47-49-95	
6	37.50?	04-44-52-92	
7	35.30?	06-42-54-90	
8	30.60?	17-31-65-79	
9	30.95?	20-28-68-76	
10	30.90?	21-27-69-75	
4	29.90?	24-72	
11	45.00?	12-36-60-84	11

图 3-52 雷顿切割

第二节 宝石琢型设计

一、刻面宝石琢型设计

目前宝石加工行业里没有标准的石坯参数,石坯的外形千奇百怪,这为后期的宝石加工带来很多问题,特别是近来全自动宝石机(排机)在宝石生产中发展很快,石坯的标准化问题显得尤为突出。

(一)圆形

1. 冠部的设计

冠部设计的顺序是:冠部主刻面→上星小面→上腰小面。

(1)冠部主刻面:除了台面以外,冠部主刻面是反映宝石最主要的刻面,它的角度和大小决定了台面的大小。

(2)上星小面:以形状为主,角度的设计符合接线要求。

(3)上腰小面:只要保证接线合格和留好腰线,其角度没有严格的要求。可以这样说,上腰小面的角度是用来调整接线的。

2. 亭部的设计

亭部设计的顺序是:亭部主面→下腰小面。参看图3-53。

值得注意的是:下腰小面细长可使宝石闪烁更强烈,透过台面看亭部小面,图3-53比图3-54效果更好,在以后的设计里,这一点值得注意。

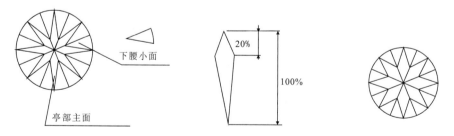

图3-53 标准圆钻型亭部刻面分解　　图3-54 标准圆钻型亭部主面对照图

3. 宝石的整体效果分析

(1)我们在一些光效模拟计算机软件中观察到,光在宝石内部的折射都有这些规律:光在宝石冠部的刻面进入,大都经宝石亭部刻面折射再从冠部的刻面出来,而该处的表现最没规律且较乱,一般来讲,在腰版处的设计尽量简单为好.如圆形葡萄牙琢型的设计就不太好了。如图 3-55 所示。

（2）宝石设计最关键的地方就在亭部尖端的周边部位，从台面往下看，亭部的尖端部分（不管它是多少版，宽还是窄）都能清楚地反映出来。

（3）冠部可以说是一个载体，它承载着亭部反映出来的光。冠部的版的数量愈多，反映出来的光的变化就愈多，但并非愈多愈好，这要看具体情况，比如：宝石的大小，要如何表现亭部的内容。整个宝石的体现要求是什么，是华贵、素雅还是古典、娇艳。下面的例子就是用简单的冠部将亭部的特征反映出来，其特征是素雅（图 3-56）。

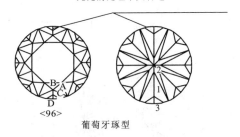

图 3-55　葡萄牙琢型效果图

图 3-56　小规格圆形宝石版面设计案例

4. 圆形宝石设计案例

（1）小规格宝石的设计。小规格的宝石是指直径 2.5mm 以下的宝石。这种宝石在首饰里面都是做伴石（卫星石），是作为绿叶来陪衬主石的，所以这种宝石的设计以简单为好。常见小宝石设计实例如图 3-57 所示。以下三种琢型在合金首饰的设计里面常用。

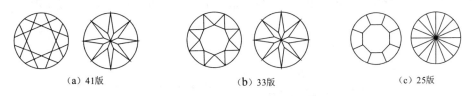

图 3-57　中规格圆形宝石版面设计案例

（2）中规格宝石的设计。直径 3~8mm 的圆形宝石是中规格宝石，其典型就是明亮形（57 版）琢型［如图 3-58(a)］。这种规格的宝石可以适当地加版，但不能太多，太多了反而降低了它的表现力。［图 3-58(b)］琢型由比利时磨钻师海奈特设计，1963 年在南非展出，这种设计在冠部和亭部各加 8 个小刻面，火彩和表现都加强了。[图3-58(c)]的设计在亭部的主刻面上增加了8个刻面,好像在花朵上加了花瓣一样,其表现更丰富了,也细腻了很多。

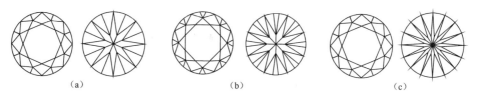

图3-58　大规格圆形宝石版面设计案例

（3）大规格宝石的设计。直径在8mm以上的宝石是大规格的宝石。大规格的宝石其直径愈大,设计就应相应地变化,刻面数也就要多加一点,但都是在亭部加刻面,如图3-59所示。

图3-59　多刻面圆形宝石版面设计案例

（4）其他规格。

①八箭八心。所谓的八箭八心其实就是明亮琢型圆形宝石。主要设计要领是亭部下腰小面、主刻面分别跟冠部上腰小面和主刻面一一对应(接线全对上),角度要刚适合,在指定焦距的透镜下能看出八箭和八心。如图3-60所示。

八箭八心是光学上的成像原理,后面讲述的九心一花、16箭16心的原理是一样的。

图3-60　八箭八心

②九心一花与16箭16花。如图3-61所示。

(a)九心一花 (b)16箭16花

图 3-61　九心一花、16 箭 16 花

③11 基圆形，13 基圆形。我们平时常见的圆形(明亮形)是基于 8 版的基础上展开的，我们把它称为 8 基圆形。下面的琢型分别是 11 基、13 基圆形琢型。

设计思路是：光在宝石内部折射时，从某一刻面折射到对面刻面，有两刻面接收到过来的光线，其表现出的亮度比对称刻面的效果要好。如图 3-62 所示。

(a)11基圆形 (b)13基圆形

图 3-62　11 基圆形、13 基圆形

④其他圆形款式设计。有一些宝石材料，它的外形尺寸较大，但比较薄，如果按照以往的琢型肯定漏光，达不到保重的效果。在设计时，只要改变一下冠部的琢型，让进入宝石内部的光线改变，就能达到较理想的效果。参看图 3-63。

图 3-63(a)是圆形宝石版(也叫天然版)，材料是托帕石，总高 61%，按通常的设计的琢型肯定漏光，但现在的效果较理想。主要特点是没有台面，保重效果相当好。

(a)圆形宝石版　　　(b)圆形三角版　　　(c)圆形格子版

图 3-63　其他圆形款式设计

(二)正方形

1. 小规格琢型

2.5mm×2.5mm 以下的正方形定义为小规格琢型，这种琢型大都作为伴石，

刻面相对简单。如图3-64所示。

2. 中规格琢型

3mm×3mm～7mm×7mm 的正方琢型属于中规格。其琢型设计基本分三种，分别是公主方形、圆尖底形、平行刻面形。其中公主方形表现力较丰富，圆尖底表现较规律，平行版表现的是古典、素雅。

图3-64　小规格琢型

(a) 公主方形　　　　　(b) 圆尖底　　　　　(c) 平行版

图3-65　中规格琢型

3. 大规格琢型

8mm×8mm 以上属于大规格宝石，要加刻面。加刻面基本有如下两种。

(1) 在腰线的上、下(分别在冠部和亭部)加一层平行于腰线的小刻面。如图3-66所示。

(2) 在原有的基础上加刻面(图3-67)。因为宝石太大，相应的刻面也大，加刻面可把原来的琢型丰富起来，增加宝石的闪烁效果。

图3-66　在腰线的上、下各设计一层　　　图3-67　在原有的基础上加刻面
　　　　平行于腰线的小刻面

(三) 椭圆形

1. 钻石形琢型

7mm×9mm 规格以下的椭圆形宝石称为钻石形琢型。常见如下两种。如图3-68所示。

2. 大规格琢型

8mm×10mm 以上的规格可划为大规格琢型。其琢型如图3-69所示。

图3-69(a) 的琢型设计方面比较自由。亭部除了中间那六刻面以外，其他的刻面可根据规格的大小酌量添加。而图3-69(b)，图3-69(c)则加工起来比较困难。

图 3-68　椭圆形钻石琢型两种设计小效果

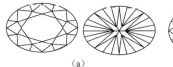 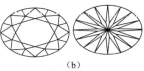 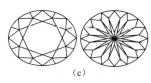

(a)　　　　　　　　　　　(b)　　　　　　　　　　　(c)

图 3-69　大规格椭圆形琢型设计

3. 格子面琢型

格子面的琢型如图 3-70 所示,对于那些半透明或不透明的宝石,设计时常采用格子面琢型,在衣服和箱包上的宝石设计常采用镜面玻璃。

图 3-70　格子面琢型

(四)马眼(橄榄形)琢型

1. 小规格琢型

1.5mm×3mm,2mm×4mm,2.5mm×5mm 的琢型是小规格琢型。在首饰里面也大都是做伴石,其琢型如图 3-71 所示。

图 3-71　小规格马眼琢型

2. 中规格琢型

3mm×6mm～4mm×8mm 的琢型是中规格琢型，其设计特点在小规格的基础上增加刻面，如图 3-72 所示。

亭部加版的　　　　　规格再大，再加版
中规格马眼琢型　　　　的马眼琢型

图 3-72 中规格马眼琢型

3. 大规格琢型

5mm×10mm 以上是大规格宝石琢型，设计特点是规格再大，再加刻面。

4. 格子面

对于那些半透明或不透明的宝石设计时常采用格子面，在衣服和箱包上的宝石设计常采用镜面玻璃。如图 3-73 所示。

格子面马眼琢型

图 3-73 格子面马眼琢型

（五）梨形

1. 小规格琢型

小规格的梨形是 3mm×5mm 以下琢型，也是做伴石。琢型如图 3-74 所示。

2. 中规格以上

4mm×6mm 以上的梨形琢型是中规格琢型，是在小规格的基础上（除了亭部那七版外）加刻面，增加刻面的多少视尺寸的大小而定，其变化不大。如图 3-75 所示。

3. 格子面

参照椭圆形、马眼形的设计原理，如图 3-76 所示。

图 3-74 小规格梨形琢型　　　图 3-75 中规格马眼琢型　　　图 3-76 格子面马眼琢型

(六)心形

(1)心形琢型的变化空间不大。要改变的话,可参照梨形在亭部非主面处增加刻面,如图3-77所示。

(2)格子面的设计有两种,如果亭部和冠部一样设计称为双龟面,常用在挂件的设计。如图3-78所示。

图3-77 心形琢型在亭部非主面处增加刻面　　图3-78 格子面心形琢型

(七)枕形

枕形的琢型如图3-79所示。

枕形其实可以有很多变化,最简单的在琢型上磨出一个正方台,然后在该台上按正方形的琢型来处理,参看图3-79(b)(不是最终成品)。

(a)常规的枕形琢型　　　　　　　　　　(b)雏形

图3-79 枕形设计案例

现在比较流行的琢型如图3-80(a)所示。图3-80琢型有一个不太适合的处理——在亭部的尖端的琢型简单了一点,使整个形态显得很呆板,还容易漏光。如果把它改变一下,变成图3-80(b)的琢型,这样不但形态灵变了很多,又不容易漏光,重量又增加了。

(八)三角形与弧三角

三角形与弧三角(俗称肥三角)的琢型比较接近,但弧三角的变化大一些,加工时需要用六角手,其琢型参看图3-81。

(九)倒角正方形

倒角正方形在宝石琢型里面的款式与正方形一样丰富。市场上3mm×3mm以下的规格很少用,6mm×6mm的规格用得较多。它比正方形多了4个倒角,倒角的大小有所变化而表现力不同。常见的款式如图3-82所示。图3-82(c)为以色列的一个公司的产品,名为CORONA,其表现力很强,显得相当华贵。

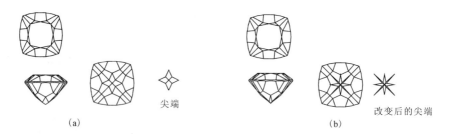

图 3-80 枕形亭部设计案例

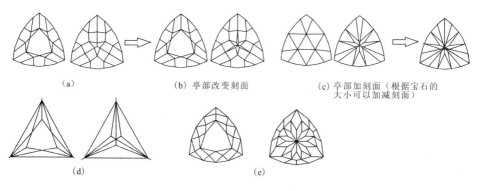

图 3-81 三角形与肥三角形的设计案例

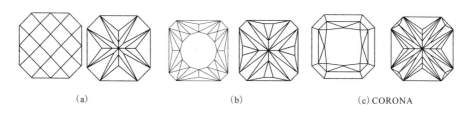

图 3-82 正方倒角设计案例

(十)倒角长方形

倒角长方以祖母绿琢型为典型,该琢型显示出一种古典的气质。倒角长方在造型设计方面和倒角正方类似,长方的刻面变化更丰富。参看图 3-83。

(十一)挂件

挂件通常不会用来定义琢型,可在琢型应用上我们都把宝石的两个冠部琢在

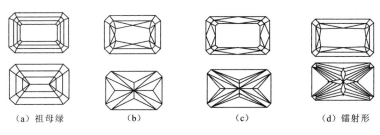

(a) 祖母绿　　(b)　　(c)　　(d) 镭射形

图 3-83　长方倒角设计案例

一起,应用在挂件上。在挂件的设计上要特别注意,因为一般挂件都很薄,用透明的材料来做不可避免漏光,设计时应考虑如何尽量减轻漏光。

图 3-84(a)这种设计把梨形琢型的两个冠部刻磨在一起,因为透明,光线在大面积的台面直接透过对面,这一部分就像透明玻璃一样,把对面看得清清楚楚,严重漏光。

图 3-84(b)稍好,主要把台面尽量压小了,漏光少一些。

图 3-84(c)正确,根本没台面,把漏光减轻到最低程度。

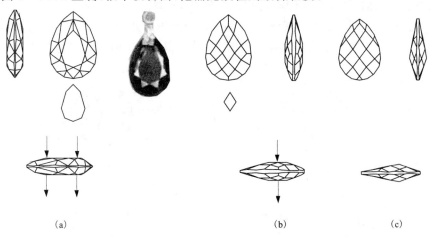

(a)　　　　(b)　　　(c)

图 3-84　梨形设计案例

(十二) 千禧琢型

快到 2000 年的时候,市面上出现了千禧切工的宝石(故名千禧工),它把宝石的刻面磨成圆弧凹曲,我们把它简称为 O 形石(以下均同)。

O 形石一出现,就以耀眼的光彩、丰富的闪烁、骄人的形象傲立市场,但近几年势头开始下降,为了说明问题,我们从圆形宝石说起。

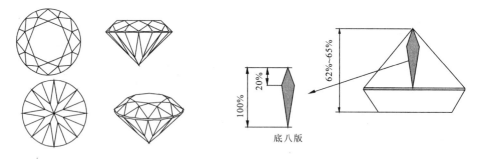

图 3-85　标准圆钻型主刻面比例

圆形宝石最重要的版位是亭部的主刻面(也叫底八版),如图 3-86 所示的淡灰色部分,宝石的火彩和闪烁强弱在于它的刻面大小与角度。

大多数资料中宝石图的亭部如图 3-87 所示。

图 3-87 的主要毛病在亭部主刻面角度不对,刻面设计太大了,从台面往下看,由亭部折射出来的图形效果死板,闪烁效果很差。

我们再看一看标准的八箭八心的图形和透视图,将底八版的角度作适当的调整(细长),显然,这才是我们需要的。参看图 3-88。

随着宝石直径的加大,原来的亭部主八面就很难处理了。因为宝石大了,刻面也跟着大,整个刻面显得空洞单调,闪烁的效果很差。这时候解决的办法是加版如图 3-89 所示。

图 3-86　标准圆钻型亭部主八版　　　图 3-87　圆钻型肥大亭部主八版

　　　　　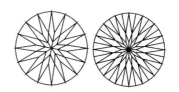

图 3-88　圆钻型亭部瘦长主八版　　　图 3-89　圆形亭部多刻面的设计

以上的效果说明,要想宝石表现力丰富,宝石的亭部主刻面必须增加,尤其是亭部主刻面所处的部位,但必须投入更多的加工工时,而 O 形工刚好把这个问题完美地解决了。

O形工的刻面是圆弧形的凹面,而圆弧面是由无数个小平面来构成的,显然,加了一个O形面就相当于增加了无数的小平面。这就是为什么O形石能产生这么灿烂的光学效应。O形面宝石加工手段简单,工时少。

由于设计与加工者对宝石的理解不到位,导致加工效果不理想。

首先,从宝石的形态进行论述:一颗宝石可以理解为一盆花,有枝、叶、花瓣、花蕊、花盆如图3-90所示。

在加工O形石的时候,只要把亭部主刻面加工成O形就成了,其他还是平面刻面。相当于把花瓣丰富起来,其他的部位是烘托它的。这样,这颗宝石才有主次和层次,才会有条理和丰满。如果你还不满意,可以把冠部主刻面再加工成O形。

火彩和亮度(包括闪烁)是一对矛盾体:火彩强了,亮度减弱。现在的千禧工宝石的火彩弱,就因为闪烁过分强,把火彩压下去了。

检验火彩最基本的实验是使白光通过三棱镜,分别折射出七色光,如图3-91所示。

三棱镜是个平面镜,而我们的刻面宝石也是由若干个小平面构成的,好像是若干组三棱镜,这就产生了火彩。

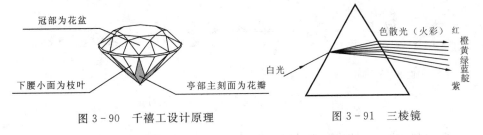

图3-90　千禧工设计原理　　　　图3-91　三棱镜

O形宝石既要有闪烁效果,又要有火彩。解决问题的办法就是上述所讲的:O形版面提供闪烁,平面版位提供火彩,相得益彰。

近几年的O形石的刻面全是O形面,就好像一盆花,没有花盆,没有枝、叶,全是花瓣,那还是花吗?更像一盆乱草,杂乱无章,毫无层次。

至于其他的形状的宝石,如:蛋形、马眼、梨形、枕形、心形。可参考圆形石进行设计。

(十三)宝石版系列

在宝石琢型里面有一个琢型系列:宝石版(俗称天然版)琢型。它广泛应用在天然宝石的琢型加工中。常见的托帕石、水晶、石榴石、橄榄石、碧玺等天然石均采用这种琢型。它们的琢型自成一个体系,和钻石版的风格不太一样。

现把宝石版琢型与钻石版琢型放在一起比较,如图3-92所示。

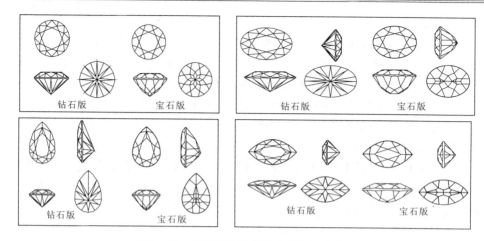

图 3-92 宝石版与钻石版宝石的效果对比

1. 构图

通过以上的对比可看出,两者在冠部部分的区别不大,可在亭部的区别就大了。我们把亭部尖端那部分的图形拿出来对比。如图 3-93 所示。

(a) 圆形　　　　(b) 椭圆形　　　　(c) 梨形　　　　(d) 马眼形

图 3-93 四种琢型亭部主八版单独对比

很显然,钻石版的构图都是以花为核心,所有的图形都在拱托着核心。整个宝石层次清楚,主次分明。就算是要加刻面,也要围绕着核心,让该表现的突现出来。

而宝石版好像没有核心,构图大都是板块(只有圆形是例外),彼此之间没有联系,是一堆板块的组合,就算是要加刻面,也好像没有什么明确的中心。

2. 形态

从图形对比来看,钻石版看起来轻灵多变,内涵丰富,而宝石版则厚重有余而灵动不足。

3. 质量

在钻石 4C 评价标准中,质量是一项重要指标,显然宝石版琢型是为了保重。不可否认,同样规格的宝石,宝石版要比钻石版重。

4. 光效

钻石版基本都是根据宝石材料的折射率来设计亭部角度,而宝石版则为了保重。为了所谓的饱满,亭部主版的角度一般设计为50°以上,这样就造成了亭部最尖端那一层的角度(图灰色部分)必然要小于临界角,造成漏光,部分放弃了宝石的光效,如图3-94所示。

5. 改进思路

如何做到既能保重,又不漏光,且形态又美呢?作为宝石版首先要在形态向钻石版靠拢,再找出一个好办法来达到保重、不漏光。

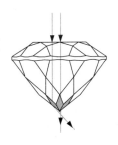

图3-94 宝石版光效分析

采用OE切工可以解决上述问题。

OE切工的技术核心是改变光线进入宝石的角度。同样我们也可改变宝石版琢型的宝石冠部的角度,同样也可以把薄的材料做成不漏光的成品,这在之前介绍圆形的时候也有讲述。

为了讲明问题,我们可以再做一个设计:将该琢型其中一个不要台面,材料是托帕石,另外一个要台面。总高度都是58%,参看图3-95。

其中图3-95(a)因宝石总高太低,宝石太扁,明显漏光。而图3-95(b)把冠部改了,漏光就减少了许多。

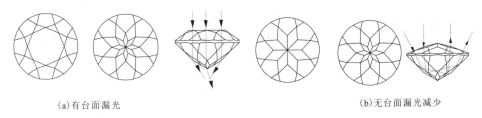

(a) 有台面漏光　　　　　　　　　　(b) 无台面漏光减少

图3-95 宝石漏光分析

另外,在琢型上也可以向钻石版靠拢,在亭部作必要的修改。如图3-96所示。

(1) 枕形琢型。改变后的琢型如图3-97所示,从加工的角度来说,只不过把原来亭部顶部的角度变一下,加了对角的4个刻面,但效果好了很多,尤其是闪烁效果。要强调的是,对漏光的改善作用不大。

(2) 弧三角琢型。弧三角常见的琢型及其改变方案如图3-98所示。

在不改变工作量的前提下,只是把亭部顶尖的三个刻面改变成图3-98(b),而且整个宝石的重量也增加了。其效果如图3-99所示。其他款式的设计也可以参照这种示例。

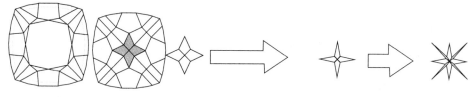

亭部顶端那四版改变 (变大)角度,让版型变得细长。重量也变重了。

再在对角加四个版,整个亭部的表现就丰富多了。

常见的琢型

图 3-96　枕形琢型改变方案

图 3-97　枕形琢型改变效果

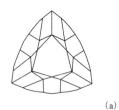

不要　　　　　改成

(a)　　　　　　　　　　　(b)

图 3-98　弧三角琢型改变方案

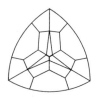

图 3-99　弧三角琢型改变效果

二、手磨与自动机刻面宝石琢型设计

(一)手磨设计

1. 设计和琢磨

在自动机(指排机)还没有应用以前,整个行业都是用手工来加工宝石。不管用八角手(含六角手、五角手)还是用机械手,其设计图都是为手磨画的。所谓的设计,其实是把已经磨好的宝石用图纸表示出来,当然,这宝石里面含有设计者(琢磨者)的思想和创意。

因为是人手画的,所以这种图纸不能真正把宝石的形态表现出来,甚至有些图画出来了,按图施工磨不出宝石来。

2. 角度设计

我们习惯把在同一高度(指升降台或升降架的高度)所磨的宝石版位称为同一层。如:圆形宝石的冠部主刻面为一层,上星小面为一层,上腰小面为一层。每一层都标有角度,如主刻面35°。这仅适合于圆形,如果是其他琢型,例如:琢磨3mm×5mm的椭圆形,其主刻面角度34°,但在加工主刻面时实际上用了三个角度,如图3-100(a)所示。

因为椭圆的长、短轴关系,图中的 Oa、Ob、Oc 的长度不一样,其对应的版位 A、B、C 在琢磨时的角度有轻微的变化。在手磨设计里我们还是把它理解为同一角度(自动机磨编程就要用三个角度)。

3. 层数设计

设计价值不是很昂贵的宝石,如用立方氧化锆琢磨的宝石就要考虑它的加工成本,在设计上尽量减少工作量,层数要尽量少,如冠部大都是三层,最多四层,五层较罕见,如图3-100(b)就是三层。

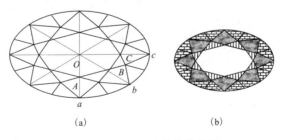

图3-100 宝石层数设计分析

(二)自动机磨设计

1. 设计和琢磨

自动机琢磨(简称机磨)因为应用数字控制让设计和琢磨变得无限丰富。

设计分为如下两种手段。

(1) 最常见的是设计者(大都是操作者)凭经验直接在机上把宝石琢磨出来后形成图纸。

(2) 计算机立体建模。立体建模的软件有很多,如 PRO-ENGINEER,SOLIDWORKS,AUTOCAD,还有在前面介绍的 GEMCAD,都能在电脑上直接设计宝石,界面显示出平面图和立体图,直观实用。

2. 角度设计

在手磨设计里面,必须根据需要的形态先决定用什么分度,如 96,64,48,32 等,我们叫转角分度,每一分度分别是 $3.75°$、$5.625°$、$7.5°$、$11.25°$。在设计里面转角最小的调节量只能是以上的一个分度。可机磨设计不受这个限制,可调整到小数点后两位。可以这样理解,机磨分度 3 600,每分度是 $0.01°$。

3. 层数设计

宝石琢磨每层的角度我们叫摆角,机磨设计摆角的角度不受层数的限制,一般其层数的设计冠部和亭部可分别在 50 层以上,对于琢磨宝石已经足够了。而手磨的摆角受到升降台定位的限制,摆角角度不能太小。

(三) 手磨设计和机磨设计的比较

设计一个 3mm×5mm 椭圆形的冠部,如图 3-101 所示。

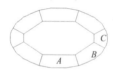 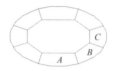  

手磨设计:冠部主刻面A、B、C均在标称 $34°$ 的同一层 　　机磨设计:A、B刻面的角度 $34°$,C刻面的角度 $27°$。整个冠部主刻面调整得很均匀 　　手磨设计:上星小面D严重撞星了 　　机磨设计:因摆角、转角随意调,其效果非常理想

图 3-101　手磨设计和机磨设计的对比

机磨设计冠部的最终效果如图 3-102 所示。

尽管机磨设计比手磨设计优越很多,但都是在手磨设计的基础上发展起来的。可以说,必须学会手磨设计才能再学机磨设计。

(四) 机磨设计及加工的现状

机磨设计基本分两种,其一是以角度来设计(排机);其二是以脉冲数来设计。因为自动机都是用步进电机来驱动的,所以用脉冲数来设计,其中脉冲数又取决于驱动器的细分数。步进电机等自动控制系统等问题已经不是本书所讲述的范围。

图 3-102　机磨设计冠部最终效果图

必须要阐明的是：因为目前国内的自动机仍处于起步阶段，受机器精度、生产工艺、设备成本、石坯标准化、抛光盘配件等因素限制，其加工出来的宝石还不太理想，要加工高质量的宝石还是要手工磨。

课后思考题

1. 简述用 Gemcad 软件设计刻面宝石的流程。
2. 刻面宝石设计为什么要进行光路分析？
3. 天然刻面宝石与钻石刻面宝石设计有什么不同？
4. 小颗粒刻面宝石与大颗粒刻面宝石设计有何不同？
5. 简述八角手宝石机与自动宝石刻磨抛光机在刻面宝石设计中的特点。

第四章 宝玉石加工常用磨料及磨具

磨料是宝玉石加工中重要的材料,在硬质材料的加工中直接影响加工的效率和加工质量。在生产实践中,根据各种宝玉石设计形状用磨料可以制成各种不同类型或不同形状的磨轮,磨料是磨具能够进行磨削加工的主体材料,也可以使用磨料对宝玉石进行研磨和抛光,例如宝玉石的振动抛光。

第一节 磨料

磨料是供磨削、研磨或抛光宝玉石使用的颗粒状或粉末状的物料。宝玉石加工中,磨料起到磨削和抛光宝玉石的作用;在首饰加工中,磨料起到磨削和抛光首饰的作用。宝玉石加工时,磨料既可以放在振动抛光机的抛光桶里,也可以附着在抛光盘上抛光宝玉石,还可以制作成各种砂轮、砂盘、磨头等工具。

一、磨料的分类

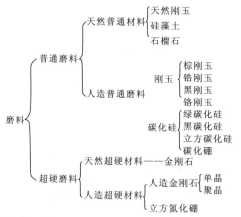

所有极精细的磨料均可作抛光粉使用,抛光膏用抛光粉与凡士林混合制成,宝石加工分粗抛光和精抛光,$W_5 \sim W_{3.5}$ 磨料用作粗抛光,$W_{2.5}$ 以下磨料用作精抛光(表4-1,图4-1)。

第四章 宝玉石加工常用磨料及磨具

表 4-1 常用宝石抛光粉种类及用途

名称	化学成分	适用范围
天然金刚石粉	C	硬度最高,加工钻石
人造金刚石粉		硬度略比天然低,所有宝石的抛光
氧化铬(绿粉)	Cr_2O_3	翡翠、水晶、绿松石、孔雀石 各种玉石、祖母绿、月光石、石榴石
氧化铝(红宝粉)	Al_2O_3	硬度较低宝石抛光
氧化铈	Ce_2O_3	水晶、橄榄、海蓝宝石、碧玺、萤石、玻璃、石榴石、玛瑙
二氧化硅(硅藻土)	SiO_2	红蓝宝石、海蓝宝石、珊瑚、琥珀
氧化铁(红丹)	Fe_2O_3	低档宝石、玻璃

二、磨料的基本性能

磨料是构成磨具的主要原料,是具有颗粒形状和切削能力的天然或人造材料。在宝玉石加工中可以直接用于研磨和抛光,也可以制作成各种磨具,磨料应具备硬度、韧性、强度、热破碎性能、化学稳定性、均匀性、自锐性等基本性能。

1. 硬度

在磨削过程中,磨料的硬度越大,磨料的颗粒越容易切入、擦滑、刻划和切削宝玉石。在生产中选用的磨料的硬度通常高于工件硬度,但也不是绝对的,如用玛瑙粉磨料也可以抛光刚玉产品。见表 4-2。

图 4-1 抛光粉和抛光膏

表 4-2 宝玉石加工常用各种磨料的硬度

名 称	显微硬度	莫氏硬度
天然金刚石	比人造金刚石略高	10
人造金刚石	86 000～106 000	10
棕刚玉	19 600～21 600	9.0～9.2
锆刚玉	14 700	9.0～9.2
绿碳化硅	31 000～34 000	9.2～9.3
碳化硼	40 000～45 000	9.3～9.5
立方碳化硼	73 000～100 000	接近 10
铬刚玉	21 600～22 600	9.0～9.3

宝玉石加工中对磨料硬度的划分：

软质磨料——莫氏硬度 1～5（白垩）

中硬磨料——莫氏硬度 6～7（玛瑙粉、氧化铁）

高硬磨料——莫氏硬度 8～10（碳化硅、碳化硼）

超硬磨料——莫氏硬度 10（金刚石、立方碳化硼）

2. 韧性

韧性是指磨料颗粒坚韧而不破碎的性能。在宝玉石磨削过程中，磨料中的磨粒应具备在受力或冲击力作用时抵抗破裂的能力，有适当韧性的磨料能够保证磨粒的切削作用，并在钝化后能够破裂形成新的切削刃以保持锋利状态。如果磨料脆性较大，切削时很容易破损。

3. 强度

磨粒必须有一定的机械强度，才能保证其发挥切削作用，宝玉石在磨削过程中，由于磨料颗粒受到综合机械作用力的影响，能使磨料颗粒逐渐破碎而变细，因此磨料的单颗粒的抗压强度越高，磨料的磨削性能就越好。

4. 热破碎性能

热破碎性能指磨料颗粒在热应力的作用下产生破碎的现象。宝石在磨削过程中，磨削区的局部温度很高，磨粒应仍能具有必要的物理学性能，以继续保持其锋利的切削刃。用磨具高速磨削宝玉石时，磨料的热破碎性能对磨具的使用寿命、磨削效率和工件加工质量的影响很大，散粒磨料的热破碎性能对上述影响较小。

5. 化学稳定性

磨料颗粒不应与宝玉石材料、辅助材料及研磨工具起化学反应而降低或丧失切削力。例如在加工合成立方氧化锆宝石时，放适量的氢氟酸可以提高抛光效率，对磨料颗粒不产生氧化作用。

6. 均匀性

均匀性是磨料重要技术指标之一，磨料应具有较好的制粒工艺性，能制成尺寸范围广，颗粒形态较整齐均匀，形状较规则的磨粒。如果在磨料的粒度组成中含有较多的比基本粒群偏粗或偏细的颗粒时，所加工的宝石质量不好。在生产实践中，有人认为配制一种磨削快、抛光亮度好的磨料是不成立的，因为从第九章节介绍的表面粗糙度可以知道，粗磨料切削速度越快，光亮度越差；细磨料切削速度越慢，光亮度越好，足以证明磨料颗粒的均匀性对宝玉石加工质量很重要。

7. 自锐性

在磨削过程中，由于磨料颗粒的锋棱和刃端逐渐钝化，磨料颗粒的磨削性能逐渐下降，磨料颗粒的表面作用力也逐渐增大，当作用力增大到一定程度时，磨料颗粒产生了破碎现象，破碎后的磨料颗粒虽然粒度变细，但是又具备了新的锋棱和刃端。在设计和制造磨具和造取磨削用量时,磨具的自锐性越好,磨削速度越快。

宝玉石加工中,在宝玉石材料、研磨盘材料、磨料种类、设备转速等参数已定的情况下,宝玉石表面粗糙度取决于磨料颗粒大小及形状。见表4-3。

表4-3 宝石加工中常用的磨料

粒度分类	日本(JIS6002.63)		中国(GB1182—71)	
	粒度号	颗粒尺寸(μm)	粒度号	颗粒尺寸(μm)
磨粒	46#	420~350	46#	400~315
	60#	350~250	60#	315~250
	70#	250~210	70#	250~200
	80#	210~177	80#	200~160
	90#	177~149		
	100#	149~125	100#	160~125
	120#	125~105	120#	125~100
	150#	105~88	150#	100~80
	180#	88~73	180#	80~63
	220#	73~63		
	240#	63~53	240#	63~50
	280#	53~44	280#	50~40
微粒	320#	44~37	W_{40}	40~28
	400#	37~34		
	500#	34~28		
	600#	28~24	W_{28}	28~20
	700#	24~20		
	800#	20~16	W_{20}	20~14
	1 000#	16~13		
	1200#	13~10	W_{14}	14~10
	1500#	10~8	W_{10}	10~7
	2000#	8~6	W_7	7~5
	2500#	6~5		
	3000#	5~4	W_5	5~3.5
	4000#	4~3		
			$W_{3.5}$	3.5~2.5
			$W_{2.5}$	2.5~1.5
			$W_{1.5}$	1.5~1
			W_1	1~0.5
			$W_{0.5}$	≤0.5

第二节 磨具

磨具是指由不同粒度的磨料用结合剂与辅料结成不同的形状和尺寸,并用于磨削、研磨或抛光且有一定强度和刚度的固体。

一、磨具的种类

磨具的种类很多,有陶瓷结合剂磨具、树脂结合剂磨具、橡胶结合剂磨具、金属结合剂磨具、金属结合剂超硬材料磨具。超硬材料结合剂磨具的性能排列如下,树脂—陶瓷—金属—电镀金属,它们由弱到渐强。20世纪80年代通常使用在宝石加工中金属结合剂磨具,因为磨料的结合性能差,磨削面容易变形,造成大批量生产宝石毛坯时尺寸很容易出现误差,生产出来的石坯质量不够稳定,现在基本使用电镀金属结合剂超硬磨具。

电镀金属结合剂超硬磨具是以钢材为肌体,以镍及镍合金为结合剂,将金刚石微磨料通过电镀金属原理均匀地沉积在镍合金电镀层中形成的。

金刚石磨料具有结合力强、机械强度高、抗热冲击性好、承受负荷大、耐用度高、自砺性好,金刚石磨料浓度最大,工作层最薄,磨轮、磨盘及各种工具的形状都可以生产比较复杂等特点。

二、宝石加工中常用的磨具

固结磨具:锯片、金刚石磨轮、金刚石磨盘、金刚石磨头。
涂附磨具:砂布、砂纸、抛光布轮。

1. 锯片

常用锯片规格:110mm、150mm、200mm、300mm、400mm、500mm(锯片厚度0.18~3mm)(图4-2)。

2. 金刚石磨轮

在轮的外径表面镀上金刚砂磨料,也就是圈石轮。磨轮上的磨料颗粒越粗,磨削效率越高,但加工表面越粗糙(图4-3)。

按磨料颗粒粗细分为粗磨轮($60^\#$~$180^\#$)、中磨轮($220^\#$~$320^\#$)和细磨轮($400^\#$~$600^\#$)。

按轮的大小分50~150mm,按轮的高度分5~50mm。

3. 金刚石磨盘

在盘的表面上镀金刚石磨料。

第四章　宝玉石加工常用磨料及磨具

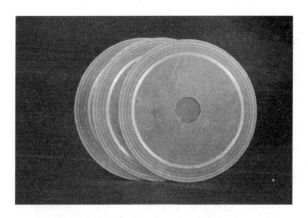

图 4-2　锯片

图 4-3　金刚石磨轮

普通金刚石磨盘：厚度 1.5~2mm，分粗砂盘（120#~180#），中砂盘（220#~320#），细砂盘（400#~800#）、特细砂盘（1 000#~2 000#）（图 4-4）。

鸳鸯金刚石磨盘：为了提高加工效率，减小宝石加工过程的反盘次数，在一个基体上将 320# 粗磨料镀在砂盘外圈、1 000# 细磨料镀在砂盘内圈做成鸳鸯砂盘（图 4-5）。

金刚石圆珠盘：根据加工宝玉石的尺寸大小在金刚石基体的平面上加工凹坑，并镀上金刚石磨料（图 4-6）。

4．金刚石磨头

宝玉石雕刻各种形状的金刚石磨头（图 4-7）。

各种磨具在生产中的应用见表 4-4。

图 4-4 普通金刚石磨盘

图 4-5 鸳鸯金刚石磨盘

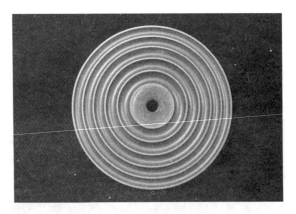

图 4-6 金刚石珠盘

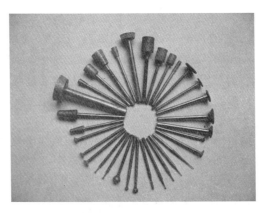

图 4-7 各种形状的金刚石磨头

表4-4 各种磨具在生产上的应用

规格\磨具	粗	中	细	特细	常用尺寸	
					直径(mm)	厚(mm)
圈石轮	60#~180#	220#~320#	400#~600#		φ50~φ150	5~50
砂盘	60#~180#	220#~320#	400#~800#	1 000#~2 000#	φ150~φ500	1.5~5
	圈大石坯	圈小石坯				
	磨φ10以上宝石	磨φ4~φ10宝石	磨φ4~φ3宝石	磨φ3~φ2宝石		

5. 抛光盘

抛光是宝石加工中最重要的一个环节,一个抛光好的宝石能产生出耀眼的光彩。原则上宝石与抛光盘的材料没有多大关系,但与刻面棱的尖锐程度有很大关系。

(1)硬盘。硬盘是指用合金浇铸而成,或用紫铜板加工而成的抛光盘。刻面宝石加工中常用的硬盘品种有:铸铁盘(抛光钻石)、锌合金盘(抛光各种硬度宝石,硬度大于7以上)(图4-8)、复合抛光盘(外环铸铁、内环合金盘,抛光各种硬度宝石)(图4-9)、铅锡合金盘(硬度7以下,绿粉抛光盘,抛光水晶、玛瑙)、紫铜盘(抛光红、蓝刚玉)。

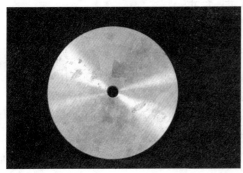

图4-8 锌合金盘

图4-9 复合抛光盘

(2)中硬盘。用中硬度材料制作的抛光盘,抛光硬度小于6的宝石,抛光效率高,但宝石刻面棱角会钝,主要品种有:有机玻璃盘、塑料盘、木头盘。

(3)软盘。用软质材料制成的抛光盘。特别适合抛光弧面形的宝石,对刻面棱不要求尖锐的宝石也可以用软盘抛光,例如玻璃的抛光效率很高。主要品种有:毛毡盘、皮革盘、帆布盘、树脂盘(图4-10)。

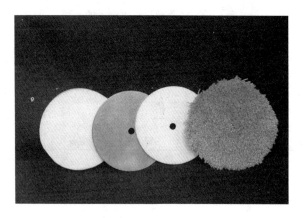

图 4-10 各种软盘

(4) 金刚石磨料树脂结合剂抛光盘。金刚石磨料混合在树脂结合剂里，抛光宝石时不需要放抛光粉，用水冷却可以抛光宝石。与普通抛光盘相比，抛光宝石时不需要放抛光粉，这种抛光盘可以解决自动化宝石加工的瓶颈问题。缺点是不能抛光 A 级以上的宝石，原因是磨钝的金刚石磨粒不能被换去。

课后思考题

1. 制造滚压金刚石刀片时常选用哪些型号的人造金刚石磨料？为什么？
2. 制造滚压金刚磨轮时常选用哪些型号的人造金刚石磨料？为什么？
3. 磨具的概念是什么？什么是磨具的三要素？
4. 磨具特征的概念是什么？金刚石磨具的特征有哪几个方面？
5. 金刚石磨具是由哪三部分组成的？各部分的主要作用是什么？
6. 磨具粒度的概念的什么？磨具混合粒度的概念是什么？选择磨具粒度的一般规律是什么？
7. 金刚石磨具浓度的概念是什么？金刚石磨具的浓度是怎样规定的？选择金刚石磨具浓度的一般规律是什么？
8. 抛光盘选择有何原则？
9. 抛光粉粒度号选择有何原则？
10. 金刚石微粉 $W_{3.5}$ 与 W_5 混合在一起使用，在宝石抛光中会产生什么效果？

第五章 宝石材料的切割

天然宝石加工工艺：劈裂法和切割法去除裂隙杂质→下料切割→围型→粘石→刻磨抛光冠部（包括刻磨抛光台面）→反石→刻磨抛光亭部→抛光腰围→清洗入库。

人工宝石加工工艺：下料切割→围型→石坯抛光（抛光腰围、台面）→粘石→刻磨抛光冠部→反石→刻磨抛光亭部→清洗入库。

从天然宝石和人工宝石的加工工艺知道，原材料采购回来后，下料切割是第一道工序，宝玉石制造过程中的切割（俗称开料），是指用钻粉刀片把宝石原材料按设计或客户要求制作成具有一定形状的毛坯，这种切割的实质是磨削，只不过工艺上习惯称为切割。

第一节 宝石材料的切割机理

一、滚压金刚石刀片的结构及制作原理

滚压金刚石刀片具有切割刀缝窄、切割效率较高、切割合格率高、节省原材料（特别是贵重原材料）、制造刀片的工艺简单、金刚石磨料损耗量较大等特点。

滚压金刚石刀片制作原理如下。

(1)用5t以上冲床冲压刀片基体（图5-1），基体常用外圆尺寸110mm、150mm。

(2)用铣齿机在刀片基体上铣齿（图5-2）。槽宽与金刚石粒度有关，$80^\#$～$120^\#$槽宽为金刚石粒度的1.2～1.5倍，$150^\#$～$180^\#$槽宽为金刚石粒度的1.5～2倍；槽深为基体厚度3倍；槽倾角5°～20°；在满足相邻两个槽中间部分有足够的机械强度的条件下，应尽量使基体槽的等分数多一些，有容钠更多的金刚石粉从而提高切割效率。

(3)给滚压金刚石刀片上抛光粉。将已调制好的金刚石磨料涂抹在金刚石刀片基体槽内，用滚压机将基体槽内的调制料压紧，并被包裹在刀片基体的槽内。

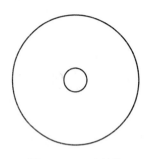
图 5-1 刀片基体

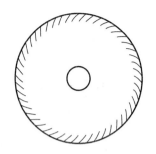
图 5-2 刀片示意图

二、金刚石刀片的切割原理

根据金刚石刀片的结构及制作原理知道,实际上金刚石刀片是把金刚石磨粒粘结在刀片基体的外环上,使其相当于薄型金刚石砂轮片,刀片上的金刚石硬度和耐热性很高,每一颗金刚石磨粒都可看作一个小刀齿,整个刀片的切削层则可以看作是一种具有无数刀齿的多刃刀具,切割时,刀片周围表面或端面上的金刚石磨粒随着刀片高速旋转,与宝石材料接触时切下细微的切屑,在水的参与下切屑被冲走(图 5-3)。

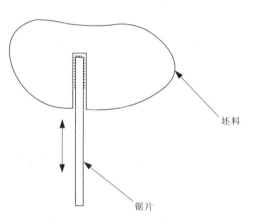
图 5-3 金刚石锯片切割原理

磨粒接触工件的切削原理为:在进给力作用下磨粒紧靠工件表面,使其受挤压并发生变形。当磨粒施加的作用力超过宝石原料的分子之间的结合力时候,这部分宝玉石切屑从宝玉石材料上分离下来。整个过程是一种"耕犁"作用。

切割时,磨粒与宝玉石接触温度为 1 000～2 000℃,使局部形成相当大的热应力,冷却不好时可见火花出现,脆性的宝玉石材料会出现裂纹。此外,在切削时,高温高压会使宝石屑粒粘附在磨粒上,使切割刀片堵塞,粘附严重时会使切割刀片很快失去切削能力,致使宝石出现裂纹。为了减少粘附作用,必须正确选择和使用冷却液。

三、散粒磨料切割原理

散粒磨料切割与固定磨料切割的切割原理是一样的,不同之处在于散粒磨料切割在刀片基体上没有压入磨料,利用刀片旋转在刀齿上粘附料槽的磨料带到切割部位。用散粒磨料切割宝石时,磨料粘附在铁皮刀片上压向宝石表面,使宝石表面在磨料的"耕犁"作用下形成小碎块,在磨料继续运动过程中,在水的参与下,这些碎块从宝石中被"控起"并"推走",完成切割过程。

这种切割方法在钻石的切割加工中还在应用,它的优点是刀片很薄,切口小从而节约原材料,但因切割效率太低,在天然宝玉石和人造宝石切割中已经不再使用。

第二节 宝玉石材料切割方法

从前述天然宝玉石和人工宝玉石的加工工艺知道,天然宝玉石材料和人造宝玉石材料的加工都要经过切割,把大块的材料根据客户设计的要求或订单开料切割,制成一个能加工出宝石形状的粗坯料。

一、宝玉石切割工作主要解决的问题

(1)根据订单要求将大块宝玉石原料分割。在天然宝玉石原料中如果存在解理或裂隙,在切割前应去除。去除的方法有劈裂法和切割法。

不去除裂隙和解理会造成如下后果:在冲坯或围型中因受力而裂开;在粘石加热过程中裂开;在刻磨加工过程中摩擦受热而裂开;在加工过程中因磕碰而裂开;在清洗过程中裂开。

(2)按设计形状去掉一些不必要的部分,并切割出合格的坯料尺寸。

(3)按设计要求利用天然宝石杂质设计出有特色的工艺品。

解理裂隙处理方法:沿裂隙方向用尖头锤敲击。

运动裂隙处理方法:用切割方法。

二、常用的宝玉石切割设备

1. 单刀片切石机

结构简单(图5-4),设备动力由安装在机架上的250W、2 800r/min的电机输出,电机上的大皮带轮通过三角皮带传动带动主轴上的小皮带轮转动,使主轴转速达到5 600r/min。主轴另一端安装金刚石锯片,主轴通过主轴套安装在水箱的面

板上,水箱的面板上还安装有防水罩及切石机工作台。切料时原料放在工作台上往锯片方向推进。

单刀片切石机设备适合单粒宝石切割。

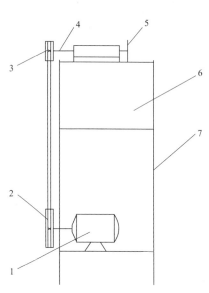 

(a) 单刀片切石机结构示意　　　　　　(b) 单刀片切石机图片

图 5-4　单刀片切石机
1. 电机；2. 大皮带轮；3. 小皮带轮；4. 主轴；5. 金刚石锯片；6. 水箱；7. 机架

2. 多刀片切石机

该设备与单刀切石机构及原理一样,不同之处在主轴安装锯片的轴头长度加长,加长尺寸视切料长度设计。每锯片间有一垫片,垫片厚度决定切料宽度(图5-5)。

本设备适合大批量产品生产。

安装切片自动进料机构可完成片料切割。

安装切条、切粒自动进料机构可完成宝石的切条、切粒。

3. 大切石机

大切石机是比较简单的切石设备(图5-6),同单刀切石机原理差不多。不同之处是大切石机切的是大块原材料,动力输入要求大。动力由安装在机架上的550W、1 400r/min的电机输出,电机轴头上安装有大皮带轮,通过三角皮带带动小

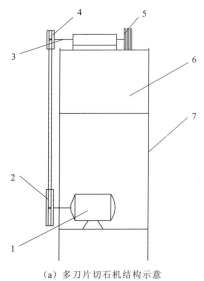 

(a) 多刀片切石机结构示意　　　　　(b) 多刀片切石机图片

图 5-5　单刀片切石机

1. 电机；2. 大皮带轮；3. 主轴；4. 小皮带轮；5. 金刚石锯片；6. 水箱；7. 机架

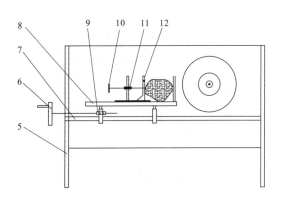 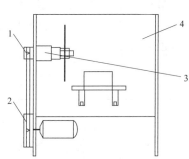

图 5-6　结构示意图

1. 小皮带轮；2. 大皮带轮；3. 主轴；4. 水箱；5. 机架；6. 手轮；7. 平行圆柱导轨；8. 工作台；
9. 螺杆；10. 手柄；11. 夹料螺杆；12. 夹料钳

皮带轮转动。小皮带轮安装在主轴的一端，另一端安装锯片，主轴通过轴承座安装在水箱侧面，水箱焊在机架上，水箱上还安装有两条平行圆柱导轨，平行导轨上安装有工作台，通过螺杆和手轮带动工作台前后移动。工作台上还安装有夹料钳，通过夹料螺杆和手柄夹紧原材料。

原材料切割进料可以采用手动式,大批量生产时也可以采用手动和动力传动的进料方式。

4. 切割刀片

宝玉石切割常用的刀片型号有 $\phi110mm$、$\phi150mm$、$\phi200mm$、$\phi300mm$、$\phi400mm$、$\phi500mm$。厚度 $0.15\sim3mm$。

刀片技术性能要求如下。

(1)钻石粉均匀、刀基平面度要好。

(2)刀片的选用原则:①刀基薄夹带钻石粉小,寿命短,刀缝窄;②刀基厚夹带钻石粉多,寿命长,刀缝宽;③切割大料时,选用厚刀片。

5. 冷却液

冷却液具有如下作用。

(1)起润滑效果。

(2)清洗磨削下来的磨楣。

(3)带走磨削产生的热量。

(4)起楔裂作用:宝石在磨粒作用下,表面产生裂纹时,冷却液渗透入裂纹中,产生了高压形成楔裂作用。

三、宝石切割的尺寸要求

第三章介绍的宝玉石设计是产品最终尺寸,在实际的加工过程中,切石—围型—石坯抛光这三个工序都要留加工量,表 5-1 列出了每个工序的加工量,天然宝石也可以参照。

表 5-1 人造宝石产品切石技术资料

图例				产品尺寸			切石尺寸		圈石尺寸	
直径 D	总高度 A			冠部高 B	腰带宽 C		总高度 A'	宽度 D'	总高度 A'	腰带以上高度 F
2	$1.2\sim1.3$			0.46	0.04		$1.5\sim1.6$	2.3	$1.5\sim1.6$	0.53

续表 5-1

图例							
直径 D	产品尺寸			切石尺寸		圈石尺寸	
	总高度 A	冠部高 B	腰带宽 C	总高度 A'	宽度 D'	总高度 A'	腰带以上高度 F
2.25	1.35~1.46	0.52	0.045	1.65~1.76	2.6	1.65~1.76	0.60
2.5	1.5~1.63	0.58	0.05	1.8~1.93	2.8	1.8~1.93	0.66
2.75	1.65~1.79	0.63	0.055	1.95~2.09	3.1	1.95~2.09	0.72
3	1.8~1.95	0.69	0.06	2.1~2.25	3.4	2.1~2.25	0.8
3.5	2.1~2.28	0.81	0.07	2.4~2.58	3.8~4	2.4~2.58	0.93
4	2.4~2.6	0.92	0.08	2.7~2.9	4.3~4.5	2.7~2.9	1.05
4.5	2.7~2.93	1.04	0.09	3~3.32	4.8~5.	3~3.32	1.15
5	3~3.35	1.15	0.1	3.3~3.55	5.3~5.5	3.3~3.55	1.2
5.25	3.15~3.41	1.2	0.105	3.45~3.71	5.55~5.75	3.45~3.71	1.36
5.5	3.3~3.58	1.27	0.11	3.6~3.88	5.8.~6	3.6~3.88	1.45
6	3.6~3.9	1.38	0.12	3.9~4.2	6.3~6.5	3.9~4.2	1.55
7	4.2~4.55	1.61	0.14	4.5~4.85	7.3~7.5	4.5~4.85	1.0
8	4.8~5.2	1.84	0.02	5.1~5.5	8.3~8.5	5.1~5.5	1.92
刻磨角度:上层;65°;中层;55°;下层;47°							

(此表是按合成立方氧化锆材料计算,其他材料可以参照)

表 5-2 为人造锆石材料开采率表。

表 5-2 人造锆石开采率

规格(mm)	数量(粒/kg)	规格(mm)	数量(粒/kg)
φ1	23 000	2×4	3 000
φ1.5	13 000	3×5	1 500
φ2	7 000	4×6	1 200
φ2.5	5 000	5×7	800

续表 5-2

规格（mm）	数量（粒/kg）	规格（mm）	数量（粒/kg）
φ3	3 200	6×8	550
φ3.5	2 400	7×9	400
φ4	1 700	8×10	290
φ4.5	1 500	9×11	210
φ5	1 300	10×12	160
φ5.5	870	12×14	100

四、人造宝石切割工艺

三角坯切割工艺：切片→切条→切三角粒→围型。

圆柱坯切割工艺：切片→切条→无心磨圆棒→切粒。

圆珠坯切割工艺：切片→切条→切粒。

课后思考题

1. 宝玉石产生裂纹的原因有哪几种？哪种裂纹是固有的，哪种裂纹是可以避免的？
2. 切割刀片的选择原则是什么？
3. 劈裂和剖切有什么区别？在什么情况下用劈裂方法，什么情况下用剖切方法？
4. 滚压金刚石刀片质量的要求有哪些？
5. 什么叫宝石加工中的切割？切割与磨削加工有什么区别？
6. 叙述散粒磨料的磨削过程。
7. 叙述粘结磨料的磨削过程。
8. 磨削时磨削区有哪些物理化学现象？
9. 工件表面的破坏层是怎样形成的？它和哪些工艺因素有关？
10. 叙述单刀切割机的结构。
11. 叙述金刚石多刀切割机的结构。
12. 叙述切割的工艺过程。
13. 为什么新刀片切割速度快，旧刀片切割速度慢？

第六章　宝玉石石坯定型

宝玉石经过切割后的下道工序是石坯定型,宝玉石石坯定型实际上是对宝玉石原料切割后进行宝玉石腰围尺寸的定型(或叫围型),定型的方法有单粒定型和大批量生产的定型,贵重宝玉石采用单粒定型方法,普通宝玉石及人工宝玉石用大批量生产的定型。大批量生产的定型设备常用半自动定型机和梯形人工宝石石坯快速成型加工设备,单粒定型设备常用万能机。

对于大批量的石坯加工,产品尺寸的一致性很重要,关系到宝玉石自动化加工粘石和加工的装夹具、首饰镶嵌的质量问题,对精密石坯的尺寸要求误差±0.01mm和形状的一致性。

第一节　单粒宝石定型设备及原理

一、万能机

万能机设备很简单(图 6-1),设备动力由安装在机座上的 250W、万能机 1 400r/min 的电机提供,电机轴头上安装有小皮带轮,通过三角皮带的传动带动大皮带轮转动,大皮带轮安装在主轴的一端,另一端安装各种磨轮及工具夹头,主轴通过轴承座安装在机架上,机架上还安装有工作台,工作台上还放置有水盘。

万能机其"万能"体现在以下几方面。

(1)定型——换上磨轮对宝玉石定型。

(2)抛光——换上抛光轮对宝玉石进行抛光。

(3)换上玉雕工具可以雕刻宝玉石和工艺品。

(4)换上钻夹头及工具对宝玉石钻孔。

(5)换上槽轮可以加工弧面宝玉石。

圆形、蛋形、梨形、马眼形、心形等弧线形腰线称弧线形石坯,其他形可使用万能机,定型原理为:把切割好的三角料毛坯用宝石胶粘在专用铁棒头上,等胶体冷却后,按如图 6-2 的方法定型操作,石坯形状和尺寸的精确程度依靠人的技术因素控制。

(a) 万能机图片　　　　　　　　(b) 万能机结构示意

图 6-1　万能机

1. 电机；2. 小皮带轮；3. 大皮带轮；4. 主轴；5. 磨轮；6. 滴水盘

图 6-2　弧线形石坯定型原理

二、普通宝石机

普通宝石机(图 6-3)主要用于平行线型祖母绿型(称小八角)、正方形、长方形、梯形等坯形的定型。

普通宝石机的动力由安装在机座上的 180W、2 800r/min 的电机输出，电机主轴上安装有轴头，轴头上安装有托盘和砂盘，机台上有平行八角手垫块，操作时八角手轴心线与设备工作台平行，才能保证石坯的平行性。宝石石坯通过宝石胶粘结在铁棒上。把铁棒装入八角手后，调整好角度，放在磨石机上定型。

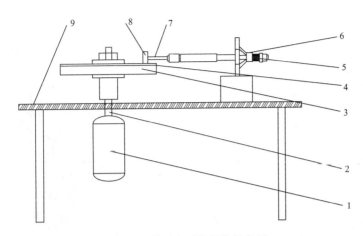

图6-3 普通宝石机结构示意图

1. 电机;2. 轴头;3. 托盘;4. 砂盘;5. 平行八角手垫块;6. 八角手;
7. 铁棒;8. 宝石石坯;9. 设备工作台

三、特殊形状宝石石坯定型

在石坯的某一部位出现凹坑称为特殊形状的坯型,要在普通外形石坯上加工成类似心形、梅花、五角星等坯形,必须使用一种冲坑机设备。其定型原理如图6-4～图6-6所示。

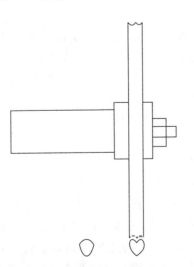 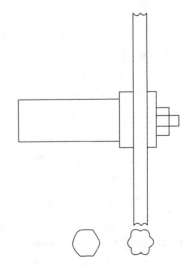

图6-4 心形宝石坯形的定型原理　　图6-5 梅花宝石的坯形的定型原理

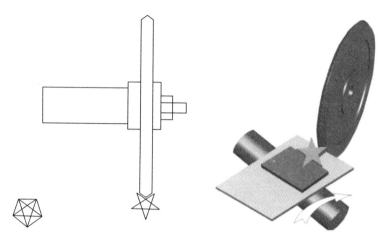

图 6-6 五角星宝石坯形定型原理

第二节 批量生产宝石石坯的定型设备及原理

一、半自动定型机

1. 定型设备

批量生产的宝石毛坯定型采用如图 6-7 设备定型,定型设备运动图知,砂轮用皮带转传动把动力带到主轴头,砂轮安装在主轴头上,机架上还安装有一套石坯转动装置,通过靠模运动可以生产出不同的坯型。(图 6-7)石坯形状和尺寸的精确程度根据模具的精确程度和尺寸控制手轮确定。

万能机(图 6-7)。其设备性能为:电机 370W;电机转速 1 400r/min;主轴转速 1 000~3 000r/min;石坯轴转速 150~200r/min。

设备工作原理:接通电源启动电动,装在电机轴头上的大皮带轮带动装在主轴上的小皮带轮和装在主轴另一端的金刚石磨轮转动。宝石模安装在固定顶针的一端,另一端靠紧宝石坯料,宝石坯料的另一端安装活动顶针。活动顶针在手轮的作用下顶紧宝石坯料。宝石模往靠模调节杆方向摆动时减速电机启动;减速电机带动安装在链轮轴上的三个链轮转动,链轮轴两端的链轮分别带动活动顶针和固定顶针转动,完成石坯的加工过程,石坯的尺寸大小由靠模调节杆调节。半自动定型机每个工人每天可生产 ϕ6mm 宝石坯 2 000 粒左右。

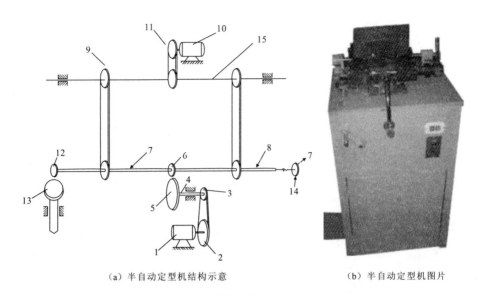

(a) 半自动定型机结构示意　　　　(b) 半自动定型机图片

图 6-7

1. 电机;2. 大皮带轮;3. 小皮带轮;4. 主轴;5. 金刚石磨轮;6. 宝石坯料;7. 固定顶针;8. 活动顶针;
9. 链轮;10. 减速电机;11. 减速电机链轮;12. 宝石模;13. 靠模调节杆;14. 手轮;15. 链轮轴

二、梯形宝石坯形加工设备

梯形石坯就是将宝石毛料加工成符合尺寸规格,行业上习惯把宝石腰线为直线形的统称为梯形宝石坯。具有梯形轮廓外形的石坯,为梯形宝石的刻面加工提供坯料。与常用的圆钻形、椭圆形、心形、水滴形和马眼形相比,梯形人工宝石加工出来的坯形是平面形,尺寸规格变化复杂,规格大小的一致性往往成了梯形宝石加工的瓶颈问题。经过多年的研究和生产工艺实践,笔者自主设计研制出梯形宝石石坯快速成型生产设备及工艺,不仅使加工出来的石坯规格、尺寸大小可以保持一致性,而且可以进行批量化生产,大大降低了生产成本,有效解决了梯形宝石生产工序中的瓶颈问题。

梯形人工宝石石坯生产工艺流程(图 6-8):将原料夹紧在多刀切石机切片;将片料放在单刀切石机工作台上切条(也可采用多刀切片机切条);把切好的条料放在梯方专用机上定型;将定型合格的条料按图排列整齐用 502 快干胶粘接;等待 502 快干胶干后将粘结成型的块料放在单刀切石机上切粒;清洗 502 胶水;宝石石坯振动抛光。

梯形人工宝石快速成型加工设备主要包括切石机和成型机。

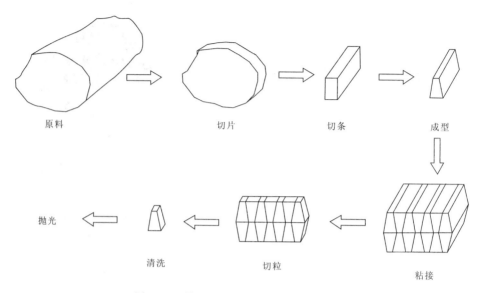

图 6-8 梯形人工宝石石坯生产工艺流程

1. 切石机

梯形人工宝石石坯切片、切条和切粒的切石机与普通切石机原理一样,不同之处在工作台上多一个尺寸定位装置,用来控制切片、切条和切粒的高度尺寸。如果是流水线生产,需要配一台多刀片切石机和一台单刀片切石机。

切出的片料厚度误差控制在产品尺寸的+(0.20~0.30)mm,条料高度误差控制在产品尺寸的+(0.20~0.30)mm,给石坯定型时留有加工量,切出的粒料高度尺寸是产品总高度的 80%~90%,保证后期石坯抛光、梯形刻面加工时总高度留有加工量。

为了保证切片切条的厚度尺寸在+(0.20~0.30)mm 要求范围内,工作台上应安装有一可活动定位块,可根据梯形人工宝石尺寸大小要求调整到适合位置,并用螺钉锁紧。

切片时考虑到原材料的尺寸较大,为了保证厚度的一致性,采用 ϕ150mm、厚 0.3mm 的锯片,切条、切粒时为了提高原材料的开采率,锯片采用 ϕ110mm、厚 0.18mm 的锯片。

2. 成型机

成型机主要用于对梯形、长方形、正方形条料进行磨削,生产出合格的坯料。

成型机设备很简单(图 6-9~图 6-11),动力由安装在机架上的 370W、1 400r/min 电机输出,电机轴头上安装大皮带轮,经三角皮带传动到安装在机头主轴中间的小皮带轮上,主轴转速为 2 200r/min。主轴上安装有铝托盘,目的是增加砂盘的刚性。靠着托盘安装有 400# 金刚石电镀磨盘,作用是磨削宝石长方形、正方形和梯形坯料,进行成型加工。为了节约能源,主轴两端安装有铝托盘和 400# 金刚石电镀磨盘,供两个工人同时操作使用。400# 金刚石电镀磨盘外侧两端分别安装有活动工作台,活动工作台有调节角度为 60°调节槽,活动工作台通过调节螺钉与固定座固定。

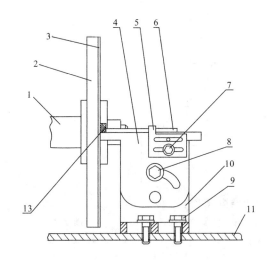
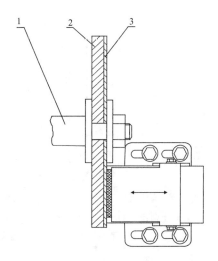

图 6-9 梯形成型机结构示意(局部)　　图 6-10 梯形成型机结构示意(俯视)

成型机工作原理如下。

(1)正方形、长方形和梯形平行边成型。磨削正方形、长方形和梯形平行两边的尺寸时,工作台平面应与砂盘成 90°,根据生产产品的尺寸,把左右两边的限位模块调到合适的尺寸后夹紧螺钉,移动模板推动放在活动工作台上的料条向金刚石磨盘进行磨削,移动模板推动到限位模块的限位尺寸时,完成正方形、长方形和梯形宝石平行两边的尺寸定型。

(2)梯形边成型。梯形平行两边的尺寸全部定型后,松开工作台旋转调整螺钉和工作台调整螺钉调整到梯形角度后,上紧旋转调整螺钉和工作台调整螺钉,就可以把条料放上工作台,推动移动模板对梯形宝石斜边进行磨削定型,从而加工出所需梯形石坯来。定型出的梯形坯料尺寸误差一般限制在产品尺寸的±0.02mm。

梯形人工宝石石坯快速成型设备结构简单,精度高,可批量生产,生产量高,工艺操作简单,制作成本低,投资少,回报高。工人经过一天的培训就可以上岗操作。如果科学地组成一条流水线,切片、切条、切粒 2 人,定型 2 人,粘石脱胶 1 人,共 5

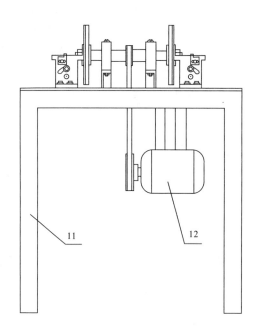

图 6-11　梯形成型机结构示意图(整体)

1. 主轴；2. 铝托盘；3. 金刚石磨盘；4. 工作台摆动头；5. 限位模块；6. 移动模板；7. 调整螺钉；
8. 旋转调整螺钉；9. 工作台调整螺钉；10. 工作台；11. 机架；12. 电机；13. 料条

人经过熟练期后，平均每个工人每天产量可达 1 万粒以上，是一个"产出多、生产快、质量好、材料省"的梯形宝石石坯加工设备。

第三节　三种宝石石坯的机械化生产实例

合成立方氧化锆的切割没有标准化的设备，都是结合工艺自行设计与制造的设备，这些设备虽然有些部分不尽相同，但工作原理是相同的。

一、三角坯的加工设备及工艺

(1) 加工设备：ϕ150mm 锯片切石机一台、半自动定型机一台，切片用金刚石刀片 ϕ150mm×0.2mm，切条、切粒用金刚石刀片 ϕ110mm×0.18mm。

(2) 三角坯形的加工工艺(图 6-12)：切片；切条；切三角粒；石坯定型。

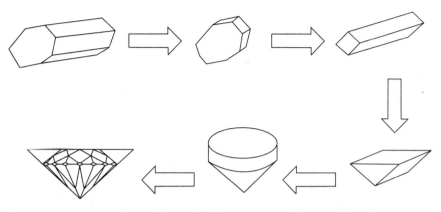

图 6-12　三角坯加工圆形宝石原理图

二、圆柱坯形的切石设备及工艺

(1) 加工设备：ϕ150mm 切石机（产量大可以用多刀切石机），切片金刚石刀片 ϕ150mm×0.3mm，切条、切粒金刚石刀片 ϕ110mm×0.18mm；无心磨床。

(2) 加工工艺（图 6-13）：切片→切条→磨条→切粒。

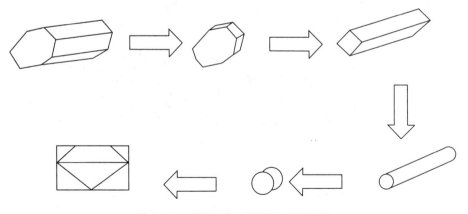

图 6-13　圆柱坯加工圆形宝石原理图

三、圆球坯的加工设备及工艺

(1) 加工设备：多刀切石机同圆柱坯，切粒机、切条机，倒角机（图 6-14），窝珠机(图6-15)。

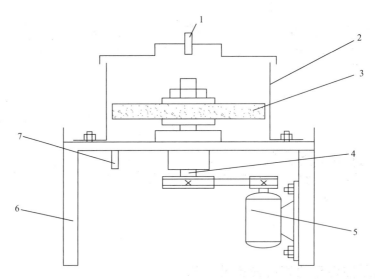

图6-14 倒角机结构示意
1.入水口;2.砂轮罩;3.砂轮;4.砂轮主轴;5.电机;6.机架;7.出水口

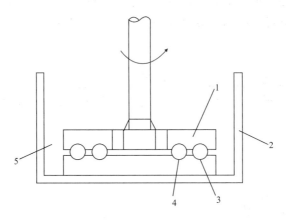

图6-15 窝珠机结构示意
1.上珠磨盘;2.机架;3.下珠磨盘;4.宝石圆珠;5.主轴

(2)加工工艺(图6-16):切片→切条→切粒→倒角→窝珠。

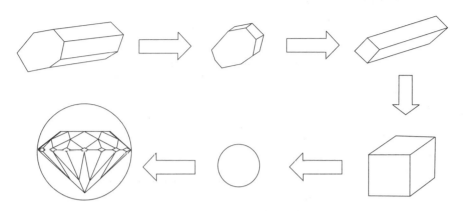

图 6-16 圆珠坯加工圆形宝石原理

四、三种坯形的效果分析

1. 三种坯形的工艺对比

三角坯:切片→切条→切三角粒→围型→石坯。

圆柱坯:切片→切条→无心磨床磨圆棒→切粒。

圆柱坯:切片→切条→切正方体粒→打角→窝珠。

2. 三种坯形的设备投入对比

三种坯形的设备投入对比见表 6-1。

表 6-1 三种坯形的设备投入对比

坯型	单刀切片机	多刀切片机	围形机	打角机	无心磨圆棒机	多刀切条切粒机	窝珠机
三角坯	√		√				
圆柱坯		√			√	√	
圆珠坯		√		√		√	√

3. 三种坯形的生产效率分析

以圆形 2mm 为例。

三角坯:2人;2 000粒/日;10h。

圆柱坯:4人;10万粒/日;10h。

圆珠坯:4人;20万粒/日;10h。

4. 三种坯形的开采率及原材料成本

每千克原料开采率见表 6-2。

表 6-2　每千克原料开采率

规格(mm) 名称	1.5	2	2.5	3
三角坯	30 000	14 000	8 000	4 000
圆柱坯	16 500	7 700	4 400	2 200
圆珠坯	15 000	7 000	4 000	2 000

每粒石坯占材料成本见表 6-3。

表 6-3　每粒石坯占材料成本

规格(mm) 名称	1.5	2	2.5	3
三角坯	0.006 7	0.014 3	0.025	0.05
圆柱坯	0.012	0.026	0.045	0.091
圆珠坯	0.013	0.029	0.05	0.10

注：以广西梧州市合成立方氧化锆 A＋B 粒，200 元/kg，2012 年 12 月价格。

课后思考题

1. 简述单粒石坯的定型原理。
2. 简述大批量生产石坯的定型原理。
3. 简述特殊形状宝石石坯的定型原理。
4. 宝石石坯的定型与设备、工具有什么关系？

第七章　宝石石坯抛光

宝石从购料→切割→围型→粘石→刻磨抛光→抛光宝石腰线→成品清洗，传统工艺生产效率低，特别到抛光腰线时，每个工人一天只能抛光200粒，对于3mm以下小颗粒宝石，抛光腰线的效率更慢。随着光机电一体化宝石加工设备的发展，宝石加工已进入数字化时代，出现了不少先进的宝石加工工艺及设备，宝石石坯抛光已由单粒转入大批量的生产，例如用振动机抛光石坯一振动斗可加工十万粒左右的3mm以下的小石坯。随着抛光工艺的不断改进，抛光效率由原来每斗抛72h，提高到现在每斗抛10h。随着宝石台面抛光设备的研发成功，宝石的加工水平和效率有了很大提高。

第一节　宝石石坯抛光原理及设备

一、单粒宝石腰线及台面抛光原理及设备

单粒宝石腰线及台面抛光设备及原理见图7-1～图7-5。

二、大批量石坯生产的宝石腰线及台面的抛光原理及设备

1. 振动抛光设备

机械式偏心振动抛光机由振动斗、振动机底座、马达、偏心块、弹簧组成（图7-6）。

2. 振动抛光机理

石坯振动抛光，是典型的散粒磨料磨削机理，不管放在抛光斗内的坯型是三角坯、圆柱坯，还是圆珠坯，它们的磨削原理是一样的。

以圆珠坯举例（图7-7）。在振动研磨抛光过程中，在水的作用下石坯表面粘满了磨料，各种磨粒呈游离自由状态，它的切削由游离分散的磨粒自由滑动、滚动和冲击来完成，因为振动力大小与料斗石坯的重量有关（放满一斗料的重量），所以它们的切削力很小，都是不切除或切除极薄的材料层，因为压力小，耕犁作用几乎

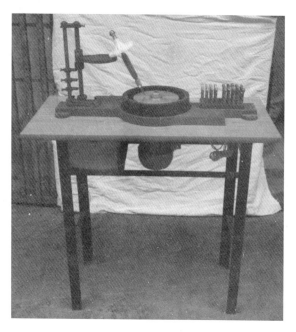

图 7-1 抛光设备(一)

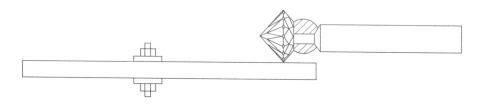

图 7-2 宝石腰线抛光原理图

图 7-3 抛光设备(二)

图 7-4 抛光设备(三)

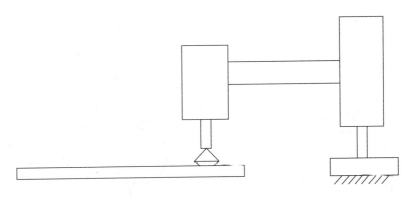

图 7-5 宝石台面抛光原理图

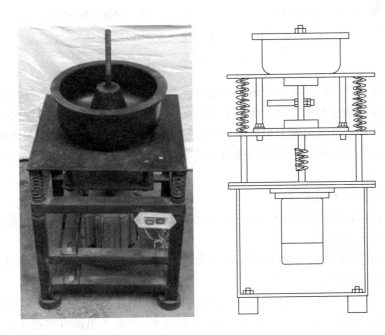

(a) 图片　　　　　　　　　(b) 结构示意

图 7-6 机械式偏心震动抛光机

没有,由石坯与石坯表面之间产生摩擦、挤压、压光而起到抛光作用,振动抛光一斗料需 10~15h。

在振动机料斗内装入宝石坯料、研磨材料、研磨辅助剂,启动振动机,振动马达

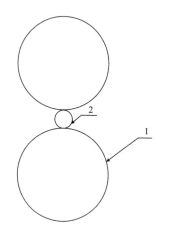

(a) 单粒磨料振动磨前示意图　　(b) 宝石坯料振动抛光示意图

图 7-7　振沙抛光示意图
1. 宝石圆珠坯料；2. 磨料

产生振动通过弹簧带动料斗中的混合物产生振动（研磨材料、宝石坯料、研磨辅助剂），研磨混合物在振动斗内产生三个方向的运动：上下振动、由里向外翻转、螺旋形的顺时针旋转。通过调节偏振块，可以很方便地调节振动抛光机的振动频率，翻转速度。零件宝石坯料在立体的研磨方式下，与研磨抛光材料相互摩擦，达到表面抛光的目的。

3. 振动抛光机的特点

（1）采用最先进的螺旋翻滚运动、三元次振动的原理，使零件与滚抛磨具互相研磨达到抛光的效果。

（2）振动抛光机能实现自动化、无人化作业，操作方便，在工作过程中可随时抽检某一零件的加工尺寸。

目前用得最多的是机械偏心振动抛光机，其原理为：电机带动偏心块，产生有规律的振幅，使料斗上的宝石作有规律的翻转运动，在料斗里放有宝石坯料及金刚砂，通过互相摩擦运动，使石坯摩擦光滑。

三、石坯振动抛光工艺

粗磨用 320# 砂；细磨用 800# 砂；粗抛光用 1 500# 砂；精抛光用 3 000# 光粉。

第二节 宝石石坯台面质量分析

传统的宝石台面抛光用 45°角或压面器抛光,在大规模、大批量的生产中,用振动抛光机完成,但振动抛光机抛光石坯时,宝玉石台面出现凹陷现象(图 7-8)。

对于 3mm 以下的宝石,这种凹陷不影响宝石加工质量,对于大于 3mm 的宝石,看起来很明显,所以用振动抛光机抛光台面的质量档次达不到 A 级以上,对于 A 级以上的产品必须用台面抛光设备对台面进行平整度的抛光。大规模流水线生产一次(一盘)可抛光宝石 5 000 粒左右。

宝石台面抛光工艺流程(图 7-9)为:粘石→粗磨→精磨→抛光→脱盘。

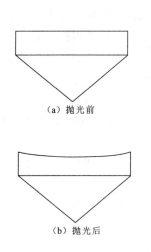

图 7-8 振动抛光机抛光前后对比

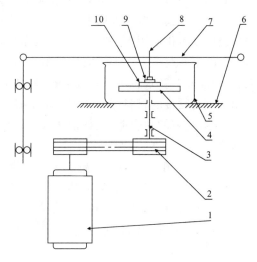

图 7-9 宝石台面抛光设备结构示意图
1. 电机;2. 皮带轮;3. 主轴;4. 研磨盘;5. 废沙斗;
6. 工作台;7. 摇杆;8. 顶尖;9. 压铁;10. 料盘

课后思考题

1. 简单介绍单粒宝石腰线、台面抛光的设备及工具,并简述其抛光原理。
2. 简单介绍大批量生产宝石腰线、台面的抛光设备,并简述其抛光原理。
3. 简单介绍大批量生产的宝石石坯台面的抛光设备,并简述其抛光原理。
4. 对比单粒宝石腰线、台面的抛光与大批量宝石生产腰线、台面的抛光质量。

第八章 宝石粘接与清洗

宝石都是用八角手或机手进行磨削,因为宝石的规格和形状比较多,加工时需要把宝石坯用宝石胶粘接在铁棒上放入八角手或机手进行加工磨削。刻磨完成后,要把宝石从铁棒上取下来清洗残留胶和油污。

宝石石坯检验合格后,要将石坯粘接在专用的铁棒上才能转到加工工序,宝石粘接的好坏直接影响到宝石刻磨、抛光质量及加工效率。

宝石加工完成从铁棒上取下来后,留在铁棒上宝石胶还可以粘接宝石,宝石胶的碎料也可以熔化使用,这种胶称为可以循环使用宝石粘胶,例如用松香、虫胶等材料配制的宝石胶。宝石加工完成后不能回收使用的胶体称为不可以循环使用宝石粘胶,例如502胶水也可以粘接宝石,但是不可以循环使用。

用于宝石粘接的材料应符合下列基本要求。

(1)应有足够的粘合能力、粘接强度和硬度,在正常刻磨加工过程中不允许脱裂或移位。

(2)熔点不应低于70℃,应高于切割、研磨和抛光过程中产生的温度。循环使用宝石粘胶经多次加热不会失去其性能。

(3)应能很好地溶于有机和无机溶剂,但不允许被煤油和机器油溶解。

(4)应当价廉且非稀有。

第一节 循环使用宝玉石粘胶

一、粘胶的种类

1. 虫胶

80℃软化,113℃液化,165℃开始强烈放气泡而成为疏松海绵状物质,210℃炭化失去粘合能力。虫胶最佳温度85~105℃,溶于酒精。

2. 松香

软化温度50~70℃,90~130℃全部熔化。具较高的粘合能力和足够的强度。

易溶于酒精、乙醚、丙酮、松节油等溶剂。

3. 火漆

由低级松香、氧化铁组成,100℃左右软化,比虫胶、松香硬度大、强度更高,可溶于酒精、乙醚、丙酮、松节油等溶剂。

二、粘胶的选择和配制原则

1. 选用原则

选用粘胶时,应考虑到工件的形状、尺寸大小、精度要求、加工场所的温度及加工产生热量。工件受力越大、粘接面积越小,越应选择抗粘强度较高的粘结胶。

2. 配制原则

虫胶主要起粘结作用,火漆、松香除有粘接作用外,还起增强胶料机械作用,火漆比例大的胶料软面耐热性差,松香比例大的胶料硬且发脆(图8-1)。

配制要求:根据磨削过程中产生热量大小和季节变化考虑配方。

配方如下:①95%火漆+5%虫胶,90%松香+10%虫胶;②80%松香+20%虫胶。

图8-1　市场上配制的宝石粘胶

三、粘接工具

1. 酒精灯

作用:加热宝石,是粘胶的热源;把宝石从铁棒上脱下来(图8-2)。使用酒精灯应注意以下安全操作问题。

(1)酒精是易燃品,倒出台面要擦干才能点火。
(2)隔了一天不用的酒精灯要放气才能点灯。
(3)掌握化学药水使用方法。
(4)酒精灯不能歪斜点火。

2. 灯护罩

作用:预热宝石、防止火被风吹灭。

3. 水平座

作用:使宝石与铁棒保持良好位置(图8-3)。

4. 铜棒或铁棒

作用:支撑宝石,插入八角手或机手上便于加工宝石。铜棒、铁棒的构造有多种形式,有带钉铁棒和不带钉铁棒,长度30~90mm,铁棒头有平头、尖头和凹圆头、V形头等(图8-4)。

图8-2 酒精灯

大批量生产宝石反石工具(图8-5)及插板。

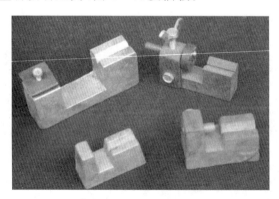

图8-3 水平座

此外,还有循环使用宝玉石粘胶常用粘接工具。

四、粘接质量分析

(1)胶层涂布应当均匀、光滑。
(2)粘杆一定要加热后再涂胶、加热不够易脱胶。
(3)火焰不可在胶合剂停留过久,更不能使胶合剂冒烟起火,这样会使胶层老化。
(4)黏胶时,尽可能使宝石粗坯的设计中心与粘杆轴线重合,否则宝石会出现歪尖、造型不好的情况。
(5)黏胶后的宝石,不能随即放入冷水中冷却,否则易造成脱胶、宝石破裂。

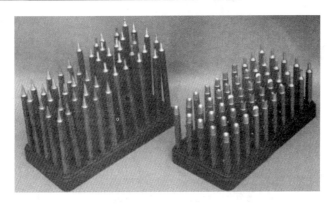

图 8-4　铁棒及插板

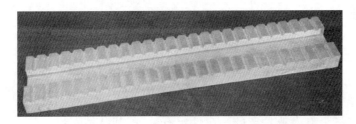

图 8-5　反石工具

(6) 宝石毛坯预热时一定要受热均匀,否则容易出现热裂。

五、宝石粘接中常见的质量问题

(1) 宝石胶氧化——宝石胶长时间加热,冒白烟时胶体已出现氧化,粘力下降,宝石胶放在酒精灯上加热看到胶体熔化滴落时加热时间已经过长,刚软化没滴落时是最理想的粘接状态。

(2) 宝石坯料清洗不干净、有油污也会影响粘力。例如新的粘杆一定要清洗干净。

(3) 宝石或粘杆加热不够,宝石粘胶没有粘在铁棒上,出现铁棒与胶体松动或宝石与胶体出现假粘现象。

(4) 胶体没有硬化时,要插在专用的插板上,平放会出现宝石歪的现象。

粘接中常见的质量问题见图 8-6。

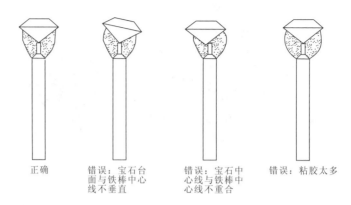

图 8-6　宝石粘接质量问题图解

第二节　一次性宝石粘胶

目前市场上有专业生产的一次性宝石粘胶,其品种有快干胶、光敏胶和 AB 胶。胶体透明,粘接力强,粘接速度快,效率高,以 2mm 宝石坯料、每人每天 8h 工作计算,可粘 12 000 粒以上,每千克胶水可以粘接 40 万～60 万粒宝石坯料,与循环使用宝玉石粘胶相比成本更便宜。

一、快干胶、光敏胶(图 8-7)

图 8-7　快干胶(左)与光敏胶(中、右)

粘接方法：把铁棒插在专用的插板上，左手拿胶水瓶把胶液点在铁棒头上，右手拿镊子夹住宝石坯放在点有胶液的铁棒头上放平，在 25～30℃ 的环境中放 15～20min 胶体可以硬化加工，如果温度达不到 25～30℃ 之间，要用烘箱。

如果使用的是光敏胶，要用紫外光灯照射 10s 才可以加工，灯管与宝石的照射间距 100mm 为最佳状态。

二、AB 胶

粘接方法：把铁棒插在专用的插板上，把 A、B 胶按 1∶1 混合后用铁棒头直接点胶水，然后把宝石放在粘有胶液的铁棒头上，放置在 25C 以上温度的环境 5～8min 固化，15min 后可以加工。AB 胶见图 8-8。

图 8-8　AB 胶

第三节　宝玉石清洗方法

宝石加工完成后，要求对宝石表面油污及残留宝石胶进行清洗。配制清洗液配方时，应使清洗液能够除去粘附在工件表面的粘结剂及其他污物。

一、常用的清洗方法

1. 碱液清洗法

纯碱与水按 1∶10 的比例调和，加热到 100℃，把宝石成品放入纯碱水里煮 10min，可以清洗干净。

2. 酸液清洗法

将待清洗的宝石放进陶碗中，倒入浓度为 80% 的硫酸浸过宝石，10～15min 后用清水冲洗干净。

3. 氢氟酸清洗法

将待清洗的宝石放进陶碗中，倒入浓度为 80% 的氢氟酸浸过宝石，10～15min 后用清水冲洗干净。

4. 天那水清洗法

将待清洗的宝石放进陶碗，倒入天那水浸过宝石，10～15min 后用清水冲洗干净。

第四节　刻面宝石自动粘反石机

梧州学院宝石设计实验室研发了 AGGM－2 刻面宝石加工快速粘反石机,如图 8-9 所示。本设备由工作台、铁棒自动输送装置、胶水定量输出装置、石坯自动输送装置、胶水自动烘干装置、快速动力系统及 MCU 控制系统等组成,该设备每小时可粘石 8 000 粒左右,采用光敏胶水粘接每公斤胶水可粘 2mm 圆形宝石 40 万粒。

图 8-9　AGGM—2 宝石粘反石机

一、工作机台

工作机台由 600mm(宽)×700mm(长)×400mm(高)规格的 Q235A 材料焊接而成。为了便于铺设不同方向的四条导轨,因此,将机台设计成三个自由度的机架。

二、铁棒自动输送装置

铁棒自动输送装置由铁棒、粘反石模具、铁棒输送装置组成。

1. 铁棒研发

根据人机原理的设定,经过反复多次的试制,最终确定铁棒的最佳长度为 55mm、最佳棒身直径 $\phi 6\pm 0.05$mm,粘石端部直径见,铁棒经无心磨床磨削成形。

2. 粘反石模具研制

粘反石模具由铁棒托盘、铁棒定位板、石坯定位板和石坯定位板支承座组成。

(1)根据最小面积堆放最多铁棒原理,将铁棒托盘设计成边长为 120mm,底部对角线分别为 210mm 和 120mm 的菱形,托盘深 38mm;

(2)铁棒定位板设计成 250mm(长)×150mm(宽)的规格,石坯定位板设计成 225mm(长)×140mm(宽)的规格,对应铁棒托盘的形状、尺寸大小分别在铁棒定位板上和石坯定位板上钻成 400 个小孔,即 400 个小孔形成边长为 120mm,对角线分别为 210mm 和 120mm 菱形状(铁棒托盘大小形状一致)。小孔的直径为石坯直径的 1.05 倍,以 2mm 石坯为例,小孔的直径应为 2.1mm,以此类推。

(3)将 400 支铁棒装入铁棒托盘中,头部向上,将钻有 400 个小孔的铁棒定位板盖过 400 支铁棒头,这就组合成铁棒盒;

(4)石坯定位板支承座设计为长 240mm,宽 140mm 长方支架,支架的四个角分别安装四只滑动轴承,支架面呈菱形镂空(尺寸大小与石坯定位板菱形一致),用于支撑石坯定位板,便于粘上胶水的 400 粒石坯烘干。铁棒盒、铁棒定位板和石坯定位板用材料 Q235A 切割、焊接而成。

3. 铁棒输送装置研制

铁棒输送装置由两条导轨、一条齿条、小车和铁棒盒组成。

(1)两条导轨:一是专供小车行驶的小车导轨,小车导轨设计成 7 字型,长为 450mm,两轨之间宽 80mm,导轨铺设在铁棒盒导轨后右侧。二是专供铁棒盒行驶的铁棒盒导轨,导轨设计成轴承导轨,长度为 580mm,宽度 160mm,导轨铺设在工作机台中央(呈悬空状)。

(2)齿条铺设在小车导轨中间。

(3)小车由小车架(安装有推杆)、步进电机、一个小齿轮和四个小车轮组成。步进电机驱动齿轮齿条带动小车前进,小车上的推杆推着铁棒盒(铁棒头向下)前进到胶水定量输出装置时,铁棒头与胶水辘充分接触,胶水粘附在铁棒头上,继续前行到指定的粘石位置小车自动停止前进,铁棒盒刚好停在石坯定位板的上方。

(4)铁棒盒由铁棒托盘、400 支铁棒、菱形铁棒盘和铁棒定位板组成。

三、胶水定量输出装置研制

胶水定量输出装置由胶水辘、胶水盒、同步皮带、同步齿轮组成。

(1)胶水辘由吸胶水性较好的材料制成,规格为 $\phi 40mm \times 120mm$,胶水辘位于铁棒盒导轨中间,胶水辘固定在小轴上,小轴两端安装有轴承和轴承座,轴承座固定在机架上;

(2)胶水盒做成长 125mm,宽 60mm,深 8mm 的半圆形小盒,固定在胶水辘下半方,即将胶水辘装在胶水盒内;

(3)两个同步皮带及齿轮分别安装在小轴和步进电机上,由步进电机带动胶水辘转动,将胶水均匀吸附在胶水辘上。

四、石坯自动输送装置研制

石坯自动输送装置由石坯输送导轨、升降台及升降螺杆、四条升降圆柱导轨组成。

(1)石坯输送导轨设计成圆柱导轨,长500mm,两轨之间宽155mm,相对于铁棒输送导轨的90°的位置,安装在升降台上。石坯定位板支承座在两条石坯输送圆柱导轨滑行。

(2)升降台设计为长500mm,宽165mm的长方体。

(3)四条升降圆柱导轨垂直连接在升降台上,四条升降圆柱导轨由滑动轴承固定在机架上。

(4)四条升降圆柱导轨的中央安装有升降螺杆,升降螺杆通过联轴器连接在步进电机的轴头,步进电机带动升降螺杆转动,升降台在升降螺杆的推动下在四条升降圆柱导轨升降滑行。

五、胶水自动烘干装置研制

胶水自动烘干装置由紫外线灯、灯箱组成。两盏紫外线灯通过支架固定在升降台上;灯箱设计长度300mm,宽度250mm,高度200mm,灯箱罩在升降台上,防止紫外线外泄伤人。由于选择光敏型的胶水,通过紫外线灯的照射,粘附胶水的石坯与铁棒能迅速凝固粘结在一起。

六、动力系统配置及工作原理

动力系统由升降步进电机、胶水辘步进电机、小车步进电机及MCU控制系统组成。

(1)将装有400支铁棒铁棒盒(铁棒头向下)放置在导轨上;同时将装400粒石坯的石坯定位板,放置到石坯定位板支承座上,连同石坯定位支承座推进石坯输送导轨滑行至指定位置(铁棒盒导轨左下方)。

(2)按下起动开关,MCU显示屏出现"粘石开始",小车步进电机驱动齿轮齿条带动小车左前方前进,小车推杆推着铁棒盒往左前方前行,胶水辘步进电机同时起动经同步皮带带动胶水辘转动,转动的胶水辘吸附着胶水盒的胶水,当铁棒盒经过胶水辘位置时,铁棒头即与粘有胶水的胶水辘充分接触粘上了胶水,此时,铁棒粘附胶水的量与小车的前行速度有关,小车快行铁棒粘附胶水的量就少;小车慢行铁棒粘附胶水的量就多。小车快与慢是通过MCU输入数据控制的。

(3)小车继续前行把铁棒盒送行至粘石位置(石坯定位板支承座位置),小车在MCU控制系统的指令下停止前行。此时升降步进电机启动,通过升降螺杆带动升降台上升,到石坯定位板支承座与铁棒盒重叠位置,使石坯与铁棒头粘合,此时,MCU 显示屏出现"烘干开始"紫外灯开启,通过 MCU 控制烘干时间。烘干结束,升降台下降到原点位置以及小车返回到原点位置。

课后思考题

1. 宝石加工常用哪些粘结剂?它们的性质如何?
2. 粘结宝石工件的粘结剂应符合哪些基本要求?
3. 铁棒的长度如何确定?带钉与不带钉铁棒如何选用?
4. 虫胶、火漆、松香是在什么情况下单独作粘结剂使用?
5. 粘结剂的选择原则是什么?
6. 混合胶的配制有何特点?
7. 蜡烛和煤油灯是否可以作为宝石粘合的热源?
8. 加热胶体时,出现什么现象属胶层氧化?
9. 所有宝石坯料是否都要经过预热器预热才能粘合?
10. 掌握酒精灯安全使用方法。
11. 掌握水平座正确使用方法。
12. 熟练掌握宝石粘接方法。
13. 宝石毛坯预热应注意什么问题?
14. 宝石粘结不牢固的原因是什么?
15. 宝石毛坯在铁棒上的位置不正确有几种?
16. 叙述各种清洗方法的优缺点。
17. 清洗工序有哪些注意事项?

第九章 刻面宝石刻磨抛光

刻面宝石的刻磨实际上是在宝石毛坯的基础上刻磨出均匀的小平面,在相对硬度5以上的宝石材料的加工是硬质材料加工,宝石在砂盘上的刻磨和在抛光盘上的抛光实质是磨削,前者是固定砂磨削,后者是浮动砂和固定砂的联合磨削。

第一节 硬质材料的加工机理

一、表面粗糙度在宝石加工中的应用

宝玉石的加工是磨料在宝玉石表面以"耕犁"作用为主形成的坡峰和坡谷,用粗磨料和细磨料进行磨削,形成的坡峰和坡谷是不一样的。粗磨料磨出来的宝石表面要粗糙些。现以一粒砂在宝石表面刮出的痕迹放大图形来说明表面粗糙度在宝石加工中的应用(图9-1)。

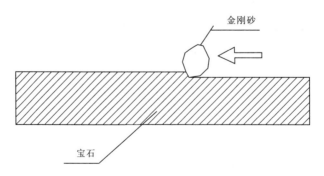

图 9-1 磨料在硬质材料表面磨削示意图

实践证明:宝石加工中在宝石材料、研磨盘材、磨料种类、设备转速等参数已定的情况下,宝石表面粗糙度取决于磨料颗粒大小及形状(图9-2)。

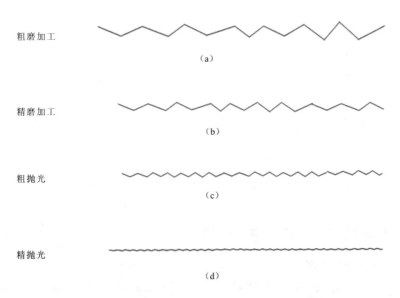

图9-2 磨料颗粒大小在硬质材料表面形成粗糙度

二、宝石研磨抛光机理

从表面粗糙度分析,抛光与研磨的区别在于抛光是在较细的磨料颗粒作用下进行的,抛光过程是研磨过程的继续。

宝石在抛光过程中,被抛光材料表面上的分子有流动现象,宝石在抛光中出现下列现象:

(1)抛光粉以"耕犁"方式作用在宝石表面,去除与抛光粉颗粒大小相同的工作碎屑。

(2)抛光粉的热压运动引起宝石表层分子的重新排列,是温度升高起重要作用。

(3)水或抛光油等辅助材料在抛光过程中起化学作用。

长期的宝石加工证明,硬质材料的抛光中机械作用是主要的,流变作用是微弱的,化学作用在钻石粉硬盘抛光中不存在。但是在一些宝石抛光中会放些化学药水以增加抛光速度,例如抛光合成立方氧化锆时加氢氟酸增加抛光速度。

三、宝石磨削特点

宝石加工设备上用磨具进行磨削,使其在形状、精度和光洁度等方面都合乎预定要求。

1. 磨削分类

磨削分为粗磨、细磨、精磨/抛光。

2. 宝石加工磨削实例

(1)宝石加工磨削：抛光盘高速旋转（主运动）；宝石沿抛光盘作直线运动（进给运动）（精磨/抛光）。

(2)圈石机磨削：磨轮高速旋转（主运轴）；工件旋转，称作圆周进给运动（进给运动）。

(3)宝石切割：刀片高速旋转（主运动）；宝石原料作直线运动（进给运动）。

(4)宝石震动抛光：宝石在抛光斗内震动（主运动）；宝石在抛光斗内滚动（摩擦运动）。

四、散粒磨料在宝石加工中的应用

1. 散粒磨料磨削机理

散粒磨料磨削时，磨料颗粒在磨盘、宝石间滑动、滚动、刮动，从而产生振动和冲击性质的作用力。宝石表面受到磨料颗粒传递的这种作用力而产生裂纹，磨料颗粒继续在宝石表面磨削和滚动，使宝石裂纹的表层成为碎屑而脱落，宝石表面形成粗糙表面，其粗糙程度取决于磨料的种类，磨料颗粒直径和形状，研磨盘材料的性质，宝石的物理化学性质。例如：玉石抛动抛光中的各种型号的抛光砂，各种规格钻石粉在抛光中的应用。

2. 散粒磨料的磨削过程

宝石抛光过程，散粒磨料粘附在抛光盘上，磨料压向宝石表面，在进给力作用下磨粒紧靠工件表面，因为磨粒的硬度比宝石硬度大，前者使后者受挤压并发生变形，当磨粒施加的作用力超过宝石原料的分子之间的结合力时候，一部分宝石材料从宝石上分离下来，成为切屑。在压力和切削作用下，工件表面形成无数交叉切割的小碎块，并在不断运动下，从宝石表面被"挖起"并"推走"。

五、固定磨料和自由磨料在宝石研磨抛光中的应用实例

有一个实验，一堆砂和一张砂纸，哪一种擦生锈的刀更快速，谁都会说砂纸，因为它是固定摩擦，一堆砂是滚动摩擦，在抛光盘上抛光宝石也证明这一道理，实践证明，用纸巾擦抛光盘就是把滚动摩擦抛光粉压入软质材料的抛光盘内转为固定摩擦，有效提高抛光速度。说明了纸巾在宝石抛光中的应用。

例如宝石刻面的研磨是在固定磨料的砂盘上进行，磨粒用结合剂固定在磨盘，对宝石进行磨削，磨料的颗粒对宝石表面产生"耕犁"作用，随着磨料颗粒不断"耕

犁"作用,使宝石表面裂纹碎屑脱落,而形成新的粗糙面。宝石在抛光盘上的抛光,在抛光盘上的抛光粉是自由磨料,实践证明,用餐巾纸把抛光粉压入抛光盘的机体里,以镶嵌形式把抛光粉固定在抛光盘的基体里形成固定摩擦,抛光的速度和效率有一定的提高。

六、宝石加工效率分析

(1)磨料颗粒。磨料颗粒粗产生凹陷深度深,切削快,磨削效率高,表面粗糙;抛光粉细,抛光速度慢,宝石表面产生局部发亮。

(2)磨料硬度。磨料硬度增加,形成的凹陷层深度增加。研磨宝石时,宝石压在盘上的压力不能超过磨料颗粒的抗压强度值,否则磨料颗粒破碎。此外,磨料颗粒抗压强度增大,宝石的磨损量增加,破坏层随之加深。

(3)磨盘速度。在相同条件下提高机床主轴的转速,工件表面粗糙度会降低。

(4)磨盘材料。磨盘的压力和机床的速度对宝石凹陷层深度没有影响。常用宝石机研磨盘直径为 150~200mm 左右,太大线速度会高,磨盘跳动度大。

(5)抛光粉的浓度。上抛光粉太多,参加抛光宝石的抛光粉颗粒数量增多,抛光粉所受的平均压强小,宝石表面光洁度差。

(6)抛光盘的压力。抛刚玉时抛光盘的压强为 $0.2\sim0.3\text{kgf/cm}^2$;抛玛瑙时抛光盘的压强为 $0.15\sim0.2\text{kgf/cm}^2$。磨盘压力大,增加进给量,宝石易产生破裂。磨盘材质软,传递给工件的力小,形成破坏层浅,凹陷深度小。所以宝石的细磨和抛光要用材质较软的研磨盘。

第二节 刻面宝石的加工设备

一、八角机

八角机是最早进入我国的宝石加工设备,一开始就因其价格低廉,配件加工容易,加工常见的圆形宝石和正方形宝石相当方便,很快就占领了市场。其外形及其配套工具如图 9-3 所示。

1. 压面器

压面器顾名思义是压台面用的,其底座有 4 个调整螺钉用来调整所压台面的垂直度。

2. 升降台

宝石琢型的角度(摆角)是用升降台来调整的,调整轴上击子定位块的高度就

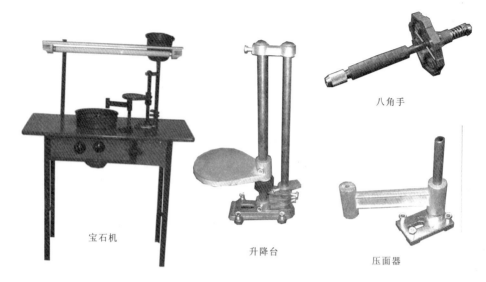

图 9-3 八角机及其工具

可调整升降台的高度,达到改变摆角的角度。

3. 八角手

八角手机的技术核心就是八角手里的八角盘了,把八角盘换成六角盘、五角盘就成了六角手和五角手。八角柄(六角柄,五角柄)里有八个孔位,如图 9-4 中的小数字,它们分别与 64 分度(8×8)、48 分度(6×8)、40 分度(5×8)的机械手分度盘一一对应,表内的数字即为相应的机械手分度盘的齿数。

八角盘、六角盘、五角盘角度对比如图 9-5 所示。

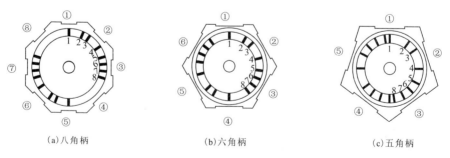

图 9-4 八角柄、六角柄、五角柄示意图

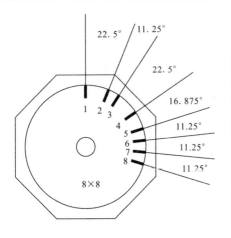

表A 机械手64分度

孔位\版位	1	2	3	4	5	6	7	8
1	64	8	16	24	32	40	48	56
2	60	4	12	20	28	36	44	52
3	58	2	10	18	26	34	42	50
4	54	62	6	14	22	30	38	46
5	51	59	3	11	19	27	35	43
6	49	57	1	9	17	25	33	41
7	47	55	63	7	15	23	31	39
8	45	53	61	5	13	21	29	37

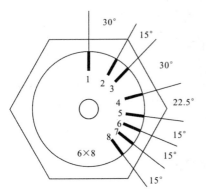

表B 机械手48分度

孔位\版位	1	2	3	4	5	6
1	48	8	16	24	32	40
2	44	4	12	20	28	36
3	42	2	10	18	26	34
4	38	46	6	14	22	30
5	35	43	3	11	19	27
6	33	41	1	9	17	25
7	31	39	47	7	15	23
8	29	37	45	5	13	21

表C 机械手40分度

孔位\版位	1	2	3	4	5
1	40	8	16	24	32
2	36	4	12	20	28
3	34	2	10	18	26
4	30	38	6	14	22
5	27	35	3	11	19
6	25	33	1	9	17
7	23	31	47	7	15
8	21	29	45	5	13

图9-5 八角盘、六角盘、五角盘角度对比图

八角手能琢磨出以 8 为基数(简称 8 基)的所有形状的宝石,如常见的圆形、椭圆形、梨形、马眼形、正方形、长方形等。而六角手能琢磨出 6 基的宝石(八角手则不成),如每层 12 版的圆球、六瓣花等。而五角手则能琢磨常见的五角星形。

把宝石坯粘在粘杆上插进八角手就可以琢磨宝石了。这时候从石坯到八角盘的总长度 L 就确定了。

通过改变升降台的定位的高度来调节宝石每层的角度。最常见的就是用量角器了。如图 9-6 所示。

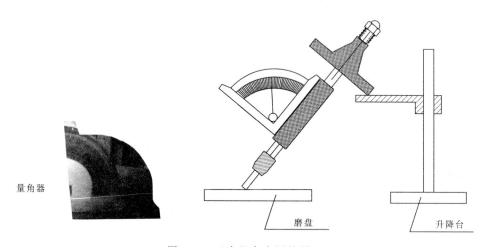

图 9-6 八角机角度调整原理

如果没有量角器也可以用另一种办法,量出升降台面到磨盘的高度,再根据八角手和粘杆(含宝石坯)的总长 L 进行换算。如图 9-7 所示。

因为总长度 L 是固定的,改变升降台的高度,宝石琢磨的角度 A 也跟着改变,由 L 构成的直角三角形其中的直角边($h+H$)也跟着改变——因八角柄宽度的尺寸是固定的 80mm。

函数关系式为:$H = L\cos A - 40\sin A$

在生产实际中不可能带着三角函数表,如果你会使用电子算表 Excel 的话那就方便了。

粘杆是带销钉的,八角手夹嘴有定位缺口,连石坯、粘杆和八角手一起的总长 L(基本上)是固定的,表格见表 9-1。

注意的是 Excel 上应用的角度单位是弧度,所以输入公式时要注意,可参看图 9-8 的右上角。

即 cos(角度)应为 cos[radians(角度)]。

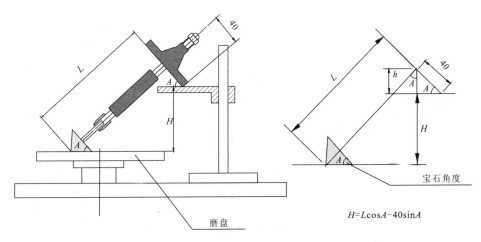

$H = L\cos A - 40\sin A$

图 9-7 八角机调整角度计算法

表 9-1 宝石角度与升降台高度换算表

	A	B	C	D	E	F	G
1	八角手						
2	高度公式			长度cosA-40sinA			
3	长度L	155	160	165	170	175	180
4	角度	高度	高度	高度	高度	高度	高度
5	10	145.7	150.6	155.5	160.5	165.4	170.3
6	15	139.4	144.2	149.0	153.9	158.7	163.5
7	20	132.0	136.7	141.4	146.1	150.8	155.5
8	25	123.6	128.1	132.6	137.2	141.7	146.2
9	30	114.2	118.6	122.9	127.2	131.6	135.9
10	35	104.0	108.1	112.2	116.3	120.4	124.5
11	40	93.0	96.9	100.7	104.5	108.3	112.2
12	45	81.3	84.9	88.4	91.9	95.5	99.0
13	50	69.0	72.2	75.4	78.6	81.8	85.1
14	55	56.1	59.0	61.9	64.7	67.6	70.5
15	60	42.9	45.4	47.9	50.4	52.9	55.4

二、机械手机

其实把八角手机上的升降台换成升降架,八角手换成机械手,就成了机械手机。两者的加工原理是一样的,有的为了加工方便、效率更高些做成双盘机(在韩国较多),其机型和配套工具如图 9-8 所示。

1. 压面器

压面器和八角手机的压面器作用一样,没有区别。

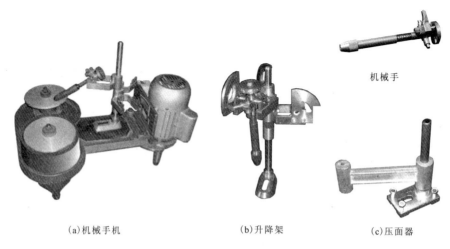

(a)机械手机　　　(b)升降架　　　(c)压面器

图 9-8　机械手宝石机及配件

2. 升降架

升降架作用与八角手机的升降架一样。分别调整三个架的高度就可以调整相应的琢型角度,但这种升降架只能磨三层。后来改进成用莲花盘作升降调节,这种机构可以磨到 8~12 层(图 9-9)。

莲花盘

图 9-9　三叉升降台与莲花盘对比图

3. 机械手

机械手的结构中,夹嘴用来夹粘杆,夹紧螺母用来夹紧夹嘴,支架支承在升降架上,分度盘是管宝石转角的刻度盘,主轴将外套、支架、分度盘连在一起(图 9-10)。

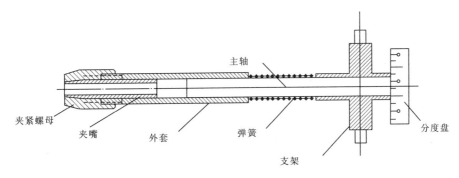

图 9-10　机械手刻面图

三、机械手和八角手的对比

很多资料显示,机械手在刻磨宝石时效率比八角手要低,这是一个误区。其实机械手的加工效率要比八角手要高得多。同样磨圆形腰版(共16版),八角手要转两圈,还要换一次孔位,而机械手只要转一圈,中间不用换孔位。

八角手与机械手的对比除了价格低廉以外,几乎没有优势。

以下我们分几部分来论述。

1. 设计

设计的其中要素是方便,透明。以设计一个椭圆形宝石为例。如图 9-11 所示。

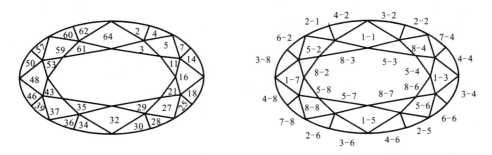

图 9-11　机械手分度与八角手分度对比

我们发现,机械手的图形以 64、32 为轴,其左、右的刻面是对称的,而齿数相加都是 64。这为我们修改设计带来方便。

在刻磨宝石时发现星版 61-3 离开了(离星),就可修改为 62-2。但在八角手的图形上就不知道如何改,当然可以查表,那就麻烦多了。

２.效率

说起加工效率,八角手更是无法与机械手相比。除了圆形宝石的加工,八角手还可以比一下以外,杂形宝石(非圆形统称为杂形)根本没法比。我们在加工杂形宝石可应用专用分度盘。如加工椭圆宝石的冠部,其专用分度盘如图 9-12。

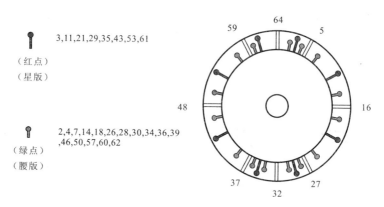

图 9-12 蛋形冠部分度盘

加工主版时,对准数字点打磨一圈就行了。同样,磨星版和腰版也是一样,分别对准红点、绿点就行。

可用八角手加工就麻烦了。以磨主版为例:在 1 孔磨 4 版,然后转到 8 孔磨 2 版,再然后转到 5 孔磨 2 版。而且磨那 2 版既慢又容易出错。

再看磨腰版要用 5 个孔位。先在 2 孔磨 4 版,再在 3 孔磨 4 版,又在 4 孔磨 4 版,然后再在 6 孔磨 2 版,还要在 7 孔磨 2 版太麻烦了。

３.质量

因为八角手是靠在升降台上来定位,没有可靠的支点,因此容易在升降台平面浮动,引起宝石琢磨不平,多呈弧形。而机械手有可靠的支架点来支撑,其版面平整如镜,再加上在抛光时因有可靠的支撑,抛光时不像八角手那样要分力压紧升降台,其抛光效果比八角手好多了。

四、宝石琢型加工八角手与机械手分度对照

１.标准圆形琢型(图 9-13)

２.方形琢型(图 9-14)

３.椭圆形琢型(图 9-15)

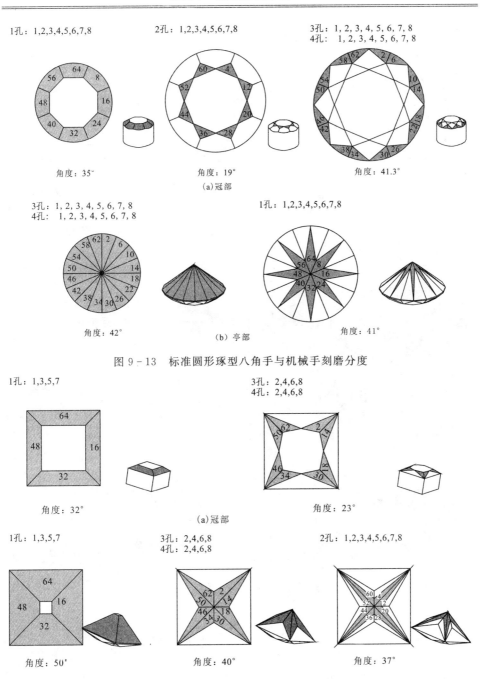

图 9-13 标准圆形琢型八角手与机械手刻磨分度

图 9-14 方形琢型八角手与机械手刻度分度

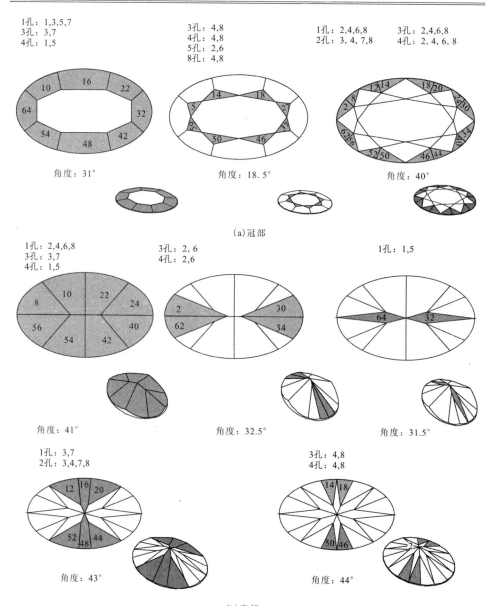

图 9-15 椭圆形琢型八角手与机械手形刻磨分度

4. 马眼形琢型(图 9-16)

5. 心形琢型(图 9-17)

6. 长方形琢型(图 9-18)

7. 正方圆尖底琢型(图 9-19)

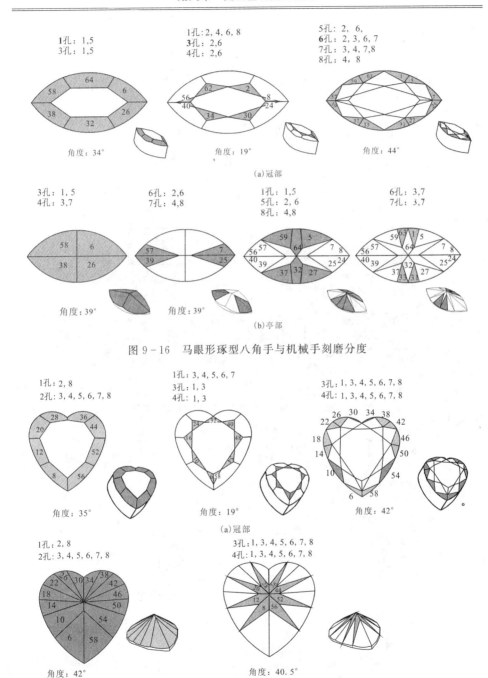

图 9-16 马眼形琢型八角手与机械手刻磨分度

图 9-17 心形琢型八角手与机械手刻磨分度

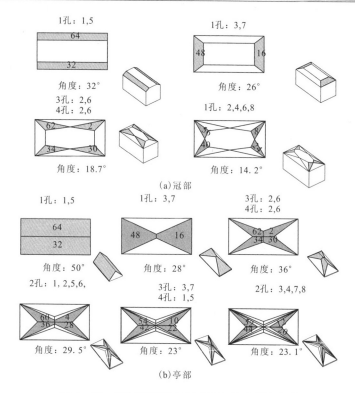

图 9-18 长方形琢型八角手与机械手刻磨分度

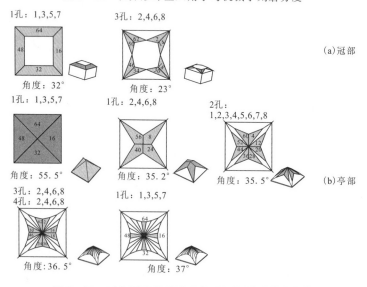

图 9-19 正方圆尖底琢型八角手与机械手刻磨分度

8. 梨形琢型（图9-20）

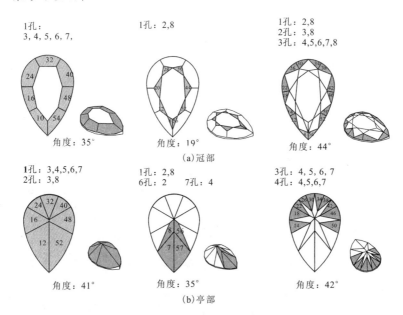

图9-20 梨形琢型八角手与机械手刻磨分度

9. 枕形琢型（图9-21）

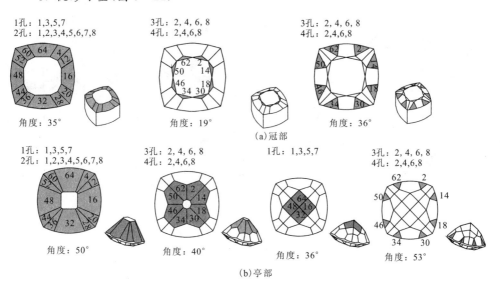

图9-21 枕形琢型八角手与机械手刻磨分度

10. 弧三角形琢型（图9-22）

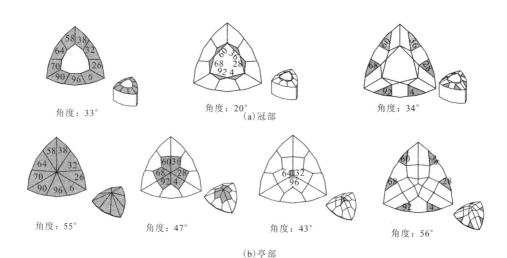

图 9-22 弧三角形机械手分度

11. 正方倒角琢型(图 9-23)

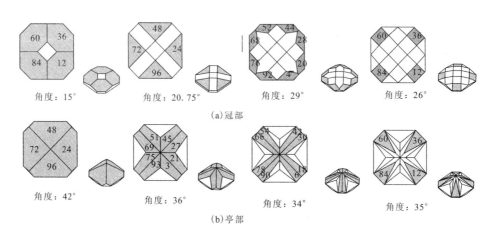

图 9-23 正方倒角琢型机构手分度

12. 马眼格子面琢型(排机板,图 9-24)
13. 梨形格子面琢型(排机板,图 9-25)
14. 椭圆形格子面琢型(排机板,图 9-26)

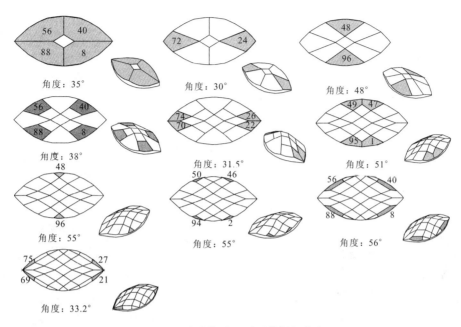

图 9-24 马眼格子面琢型数据机分度

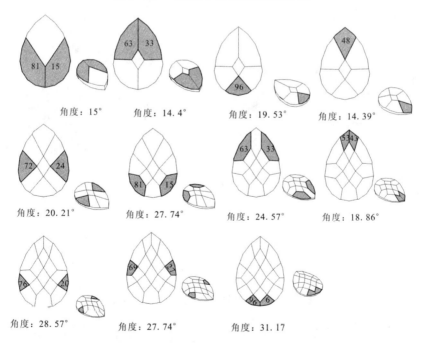

图 9-25 梨形格子面琢型数据机分度

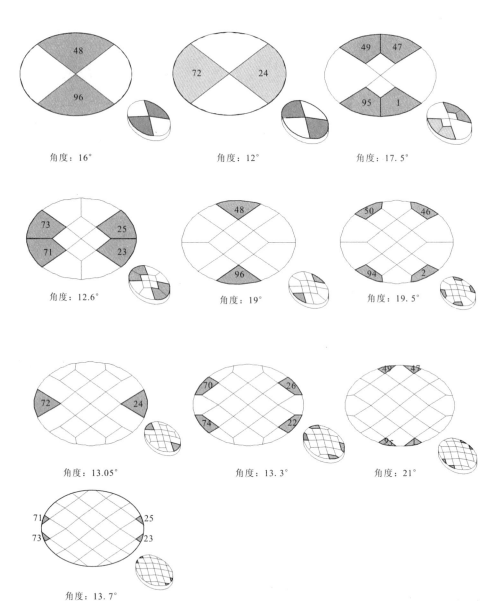

图 9-26 椭圆形格子面琢型数控机分度

五、数控式单摆机(ZX-128宝石机说明书)

1. 特点

(1)全机采用5个步进电机作为动作执行动力源,采用5轴同步控制技术精确控制宝石刻磨的每个动作。旋转类动作机械精度为0.1125度/步,直线运动类动作机械精度为0.00625mm/步。

(2)电子控制部分采用Atmel公司的高性能、低工耗的AVR系列单片机作为控制核心,辅助以Altera公司的MAX II CPLD作为控制执行的扩展,并通过加密算法保护控制软件的产权。

(3)机器的人机界面采用128*64点阵LCD屏作为数据显示窗口,数据输入利用红外遥控器遥控完成数据操作,方便用户的使用。

(4)全部动作到位检测传感器均采用光电开关模块实现,具有寿命长、精度高的特点。

(5)采用大容量的EEPROM存储器作为机器运行数据的存储,用户可以随时调节修改运行数据并保存,使磨出的宝石质量更好。本机器可同时预置32种杂形宝石的打磨参数,使不同形状的加工转换工作更为方便。

(6)采用独特的控制数据格式,不管要加工什么形状的宝石,只要设置好如下6个参数即可工作:该层的板数、该层的打磨角度、该层的高度修正值、完成该层后打磨下一层前八角手要转的角度、该层打磨的快慢、当该层只有2板时的内转角度。用户掌握数据组成原理后,很容易自行设计其他形状宝石所需的加工数据。

2. 设备特点

本机采用先进可靠的微电脑技术进行动作的执行控制,刻磨精度高,使用方便,数据设置采用遥控器操作,数据显示采用LCD显示屏,人机界面良好。机器外形如图9-27所示,主要由砂盘、抛光盘、八角手、八角手电机、角度链轮、角度电机、八角手与角度位置传感器组件、升降电机、升降螺杆组件、摆磨电机、摆磨连杆组件、升降和摆磨传感器组件、LCD显示屏、遥控信号接收口、复位按钮和换盘传动与位置传感器组件组成。

主要部件功能如下。

(1)砂盘:可同时安装粗和细砂盘,用于对宝石石坯的圈尖和板位的粗刻磨。

(2)抛光盘:用于对粗刻磨好的宝石板位进行精细抛光,使光度达到要求。

(3)八角手:用于夹持粘于加工棒上的待加工的宝石。

(4)八角手电机:用于按加工要求转动宝石的板位加工角度,和加工完一层后换位旋转到下一层第一板的加工角度(即换位角度)。

(5)角度链轮和角度电机:给定宝石各层的加工角度,这时升降电机会配合转

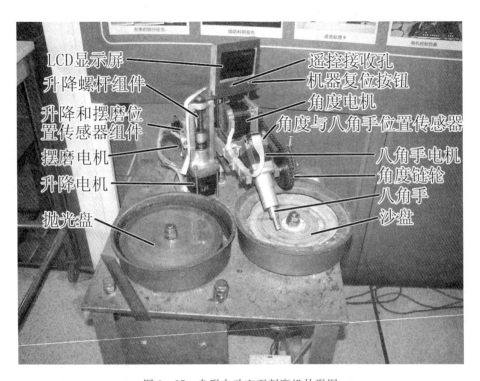

图 9-27 杂形自动宝石刻磨机外形图

动,另外,还可以产生点动打板的动作,和在完成一个板位刻磨后抬起宝石进行换下个板位,避免铲边。

(6)八角手与角度位置传感器组件:用于感知八角手的初始位置,感知八角手角度的零度基准位置,同时,当抬起八角手时间超过 1.5s 时,启动机器工作。

(7)升降电机与升降螺杆组件:配合角度电机完成改变八角手工作角度,满足不同层刻磨角度不同的需要。

(8)摆磨电机和摆磨连杆组件:使八角手能执行左右摆磨的动作进行板位抛光,摆磨连杆组件上有数个小孔用于调节摆动的幅度,适合工作时使用不同直径的光盘。

(9)LCD 显示屏:能以汉字方式显示工作参数和编辑设置工作参数。

(10)遥控接收孔:接受来自专用遥控器的信号,用于设置与调节工作参数。

(11)复位按钮:用于复位机器,或强行中止正在工作的机器操作。

3. 工作原理

机器采用独有技术进行宝石加工数据的组织,不管磨什么形状的宝石,其数据的设置与调机都十分容易。

根据宝石加工的原理,加工宝石要使用的参数有(物理意义如图9-28所示):每层的刻面数;该层的打磨角度(角度);该层的高度(高度修正值);该层打磨快还是慢(速度);打磨完该层后转多少角度再打下一层(换位角度);同一层中刻面数为2时,两板之间所转的角度(内转角度)。

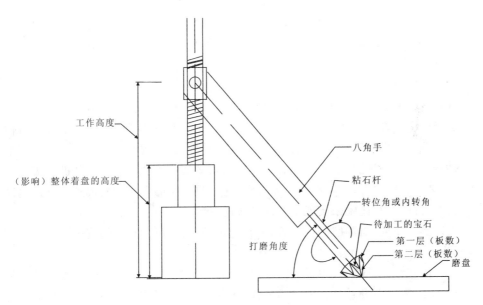

图9-28 自动宝石刻磨抛光机原理图

4. 操作要领

本杂形宝石刻磨机已经把上述参数全部实现数字化设置与控制,操作要领如下。

(1)每层的刻面数:指某一层需要刻磨的刻面数量。用户可以按照不同形状的要求输入不同的刻面数,系统设计只取小于或等于99刻面,刻面数的第百位有特殊的功能,见下面描述(P)。当某层的刻面设置为0时,系统将在工作到该层时停止全部操作。用户输入刻面数后系统会自动等分每个刻面的角度,如用户输入刻面数为8,系统自动将一层等分为8个刻面,每个刻面占45°(360°/8)。当用户输入的板位数为2时,系统将有不同的反应:①如果内转角设置为0,系统自动将一层等分为两个刻面,每个刻面占180°(360°/2);②如果内转角设置为非0的值,系统自动将一层分为两个板位,两个刻面之间的角度等于内转角设置的角度值。

刻面加工过程中的切换动作由八角手电机驱动八角手转动相应的角度完成。

(2)每层的打磨角度:见图9-28,打磨不同的层时,八角手与磨盘之间的角度也不相同,这个角度叫打磨角度。由角度电机经链条传动使八角手与磨盘平面形成给定的角度值,同时,升降电机带动升降螺杆组件使八角手升降适合的高度,配合完成此动作。

(3)层高度:因为八角手长度是固定的,为了实现刻磨不同层时八角手与磨盘平面成不同的角度,需要将八角手末端的高度调整到合适的工作高度(见图9-28),工作高度 h 值由系统自动计算得到,为了补偿因安装精度误差等原因引起的宝石着盘力度不正确等问题,控制系统中设置了高度修正值这一参数,修正自动计算的工作高度 h 值,使在刻磨宝石的工作中每层着盘力度更精确。层高度调节的执行由升降电机与升降螺杆组件带动八角手支架而完成。

(4)该层刻磨速度快慢:在加工宝石的板位时,刻磨板位的大小与工作速度有关系,例如在点打板方式打板时,宝石点在磨盘上的持续时间越长,打出来的板位就越大,反之越小,即速度慢时板位大,速度快时板位小,抛光方式时也一样。调节合适的速度可以避免咬边或分板。在点打板方式时,通过改变角度电机点头的速度实现刻磨速度快慢调节;在抛光方式时,通过改变摆磨电机的转动速度并同时同步角度电机的点头速度来实现刻磨速度快慢调节。

(5)换位角度:当刻磨完一层后,需要转过一个相应的角度(转到下一层的第一板),为刻磨下一层作准备,这个角度称为换位角度。

(6)内转角度:同一层中板数为2时,两板之间所转的角度。这是为设计杂形宝石的加工数据而设置的。有些宝石刻磨时,在同一层内刻磨两个板位,但不是180°对称刻磨,而是以某个指定的角度刻磨出来,这个转角因为在同一层内,我们称这个角度为内转角,也是机器能实现杂形加工工作的重要参数。

只要能对上面所提出的6个参数进行正确可靠的控制,就能对任何形状的刻面形宝石进行自动刻磨加工。本机器正是根据以上提出的参数进行数据的组织,实现了仿人手操作的宝石加工,但又比手工操作要精确,所以加工出来的宝石品质优良。

5. 数据结构

通过上面的分析我们知道,杂形宝石刻磨机在工作时需要6个参数,因此,我们将每层的加工数据设计了一个结构数据类型:

```
struct CENGDATA{
    uint FaceNum;      //本层面数
    uint  Angle;       //本层角度
    uchar Speed;       //本层速度
    uint  High;        //高度修正值
```

```
    uint    HWjd;       //本层完成后换位角度
    uint    NHWjd;      //当面数为 2 时,内部换位角度
};
```

并且声名了一个指向该结构的指针:

struct CENGDATA *pstru;

本宝石刻磨机设计最多可以加工 16 层,对于一般的各种杂形宝石的加工已经足够了,于是,我们设计一个工作用的数据数组,数组中的内容就是每层的数据结构的内容,一共包含有 16 个结构:

struct CENGDATA cengArray[16];

机器工作前,把相应形状的宝石的加工数据装载到 cengArray[16]数组,再根据数组中的数据完成宝石每一层的刻磨加工。例如圆形宝石面的刻面如图 9-29 所示,图中每板都用数据标上标志,数据最前面一位表示层数,后面的位数代表该板的加工顺序,由图中可看出,圆形的面共分为三层进行刻磨加工,第一层先加工 16 刻面,第二层加工星面,第三层加工冠主面;具体过程如下:

(1)先把八角手升高合适的高度,并同时改变八角手与磨盘平面的倾角,使之为 48°,第一层从切磨线 OA 开始加工第一刻面(11),再加工第二刻面(12)……最后加工第十六刻面(116)。完成 16 刻面加工后,切磨线为 OB,因为下一层的第一板为(21),其切磨线为 OC,八角手要转一个换位角度为下一层加工星板做准备,即从切磨线 OB 转到 OC,这个换位角就是角 BOC(33.75°)。

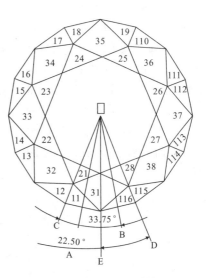

图 9-29 圆形面加工数据图

(2)换位角 BOC 旋转完成后,要把八角手升高合适的高度,并同时改变八角手与磨盘平面的倾角,使之为 71°,然后加工(21),(22),…,(27),(28)刻面,完成第二层星面的加工。第三层要加工的是风筝面,先加工第一刻面(31)板,因此,八角手要转过换位角 DOE(22.5°)。

(3)换位角 DOE 旋转完成,后八角手降低合适的高度,并同时改变八角手与磨盘平面的倾角,使之为 57°,然后加工(31),(32),…,(37),(88)板,完成第三层风筝面的加工,整个圆形面的加工就完成了。

图中加工数据如下:

{
//板数,角度,速度,高度修正,换位角,内转角
{16, 48.0, 5,   0,   33.75, 0}, //(1)层
{8,   71.0, 9,   1014,   22.50, 0}, //(2)层
{8,   57.0, 4,   20,   0,   0}   //(3)层
}

从中可以看出,圆形面共分三层来完成刻磨加工,第一层的刻面数为16,加工倾角为48.0°,该层加工速度为5档,高度修正值为0mm。本层加工完成后八角手转向下一层的第一面加工线的换位角度为33.75°,内转角度为0°(因为本层加工的刻面数不是2而是16。在加工时,机器会自动按每板22.5°等分圆周加工出本层16个面。其他层的加工数据含义相似,注意看加工数据的第三列,该列代表各层的加工速度。可以看出,第一层(16板)用5档,第二(星面)用9档,第三层(风筝面)用4档。原因是第二层星面削磨量最小,要快;第三层削磨量大,要慢些;第一层16板削磨量介于于其他两层之间。速度档值的选择按实际加工情况来定,选择合适的值可以避免宝石的铲边或咬边情形的发生,保证加工的板位均匀美观。

下面给出一种马眼形状面加工图及加工数据,如图9-30。

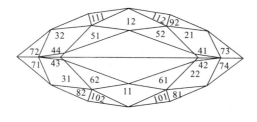

1层面数:2   角度:58   内转:0   换位:33.75
2层面数:2   角度:60   内转:112.5 换位:67.5
3层面数:2   角度:60   内转:112.5 换位:78.75
4层面数:4   角度:71   内转:0   换位:33.75
5层面数:2   角度:69   内转:22.5   换位:157.5
6层面数:2   角度:69   内转:22.5   换位:33.75
7层面数:4   角度:49   内转:0   换位:22.5
8层面数:2   角度:47   内转:45   换位:135
9层面数:2   角度:47   内转:45   换位:146.25
10层面数:2   角度:46   内转:22.5   换位:157.5
11层面数:2   角度:46   内转:22.5   换位:无

图9-30 马眼面加工顺序与加工数据

6. 控制流程

为了使机器正确的工作,本机使用遥控器对机器进行运行参数的设置(图9-

31),遥控器只有在开机或按复位信号后才可以使用,机器运行工作一次后遥控信号变成无效状态,这样可以避免多机工作时别人设置其他机器时影响本机的运行数据(图9-31)。机器运行前要设置的数据有如下。

(1)刻面。设置每层加工的板数,本机最多可以加工16层,按一下"板数"键可进入第一层板数的设置状态,要改变数据,可以利用数据加减键来改变相应位的数值。设置好本层的板数后,再按一次"板数"键,将会保存该层的板数数据,并调出下一层的板数数据供用户修改,一直往下按"板数"键,直至所有层的板数设置完毕即可。对于不要加工的层,板数设置为0。机器会自动从第一层开始加工,到板数为"0"的层结束,后面的层将不再加工。如果前面的板数已设置完成,也可按机器上的"复位"键复位机器,退出板数设置(下面的数据设置方法一样)。

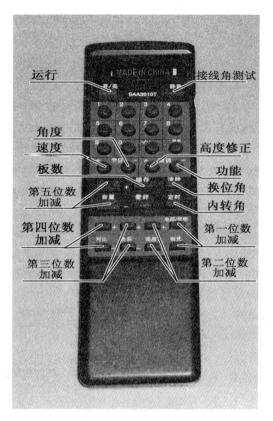

图9-31 遥控器的使用

在板数数据中的百位具有特别的功能,当百位数大于1时,表示该层在打砂时重打的次数,在抛光时忽略百位数的值,每层只抛光一次。如,在设置圆形面的板数时,第一层板数设置为"216",第二层板数设置为"8",第三层板数设置为"308",表示在砂盘打板时第一层16板打两次,第二层星板打一次,第三层风筝板打三次,然后转到抛光盘,第一层16板抛光一次,第二层星板抛光一次,第三层风筝板抛光一次。

(2)角度。设置每层加工的角度,该角度是指宝石棒与磨盘平面的角度。本机最多可以加工16层,按一下"角度"键可进入第一层角度的设置状态,要改变数据,可以利用数据加减键来改变相应位的数值。设置好本层的角度后,再按一次"角度"键,将会保存该层的角度数据,并调出下一层的角度数据供用户修改,一直往下按"角度"键,直至所有层的角度设置完毕即可。对于不要加工的层,角度数据不用理会。如果前面的角度已设置完成,也可按机器上的"复位"键复位机器,退出角度设置。

(3)高度修正(也叫着盘修正)。加工每层的高度,随角度的不同而异,加工角度越大,高度就越高,反之则越低,加工高度数据已由机器自动计算得出,不用再设置。但自动计算出来的数据并不一定能保证不同棒长的情况下所有层的着盘都准确,所以在调机操作中,应根据实际情况对宝石的着盘情况给以修正。本机最多可以加工 16 层,按一下"高度修正"键可进入第一层高度修正的设置状态,要改变数据,可以利用数据加减键来改变相应位的数值。设置好本层的高度修正值后,再按一次"高度修正"键,将会保存该层的高度修正数据,并调出下一层的高度修正数据供用户修改,一直往下按"高度修正"键,直至所有层的高度修正设置完毕即可。对于不要加工的层,高度修正数据不用理会。如果前面的高度修正已设置完成,也可按机器上的"复位"键复位机器,退出高度修正设置。

需要说明:高度修正的数据为 4 位有效,包括小数点前两位,和小数点后两位,但小数点前的十位数并不代表数值,而是代表修正的方向,规定"1"向上修正高度,使着盘变轻;"0"向下修正高度,使着盘变重。轻重的多少由个位数和小数点后两位数决定,具体含义见表 9-2。

表 9-2 高度修正数据含义

数位	十位	个位	小数点	十分位	百分位
含义	"1"表示宝石着盘轻 "0"表示宝石着盘重	1mm	.	0.1mm	0.01mm

当数据是 00.00mm 时(前面的数都是 0 时不显示,实际显示为 . 0mm)如果着盘太重,需要减轻。可将十位数设为 1,所显示数据为:10.00mm,可将数据设为 10.01~19.99mm,如设为 10.01mm 则比原来轻了 0.01mm,如设为 11.00mm 和 13.50mm 则比原来轻 1.00mm 和 3.50mm,即十位数是 1 时,个位以下的数据越大着盘越轻,个位以下的数据越小着盘越重。

当数据是 00.00mm(前面是 0 不显示),如果着盘太轻,需要加重,可将数据设为 0.01mm~9.99mm,即十位数是 0 时(十位是 0 不显示),个位以下的数据越大着盘越重,数据越小着盘越轻。

(4)速度。设置每层加工的速度,加工宝石的板位面越大,需要磨去的部分就越多,加工速度应该就设置得慢一些,反之,板位越小,则可以加快速度打磨。这样可以使用户方便地控制板位的加工,磨出漂亮的宝石。本机最多可以加工 16 层,按一下"速度"键可进入第一层角度的设置状态,要改变数据,可以利用数据加减键来改变相应位的数值。设置好本层的速度后,再按一次"速度"键,将会保存该层的速度数据,并调出下一层的速度数据供用户修改,一直往下按"速度"键,直至所有层的速度设置完毕即可。对于不要加工的层,速度数据不用理会。如果前面的速度已设置完成,也可按机器上的"复位"键复位机器,退出速度设置。

说明:速度数据只有最低位有效,范围是0~9档。切记不要试图设置速度值超过10。

(5)换位角度。完成某一层的加工后,要转一定的角度,再加工下一层,这一角度叫换位角度。同样设置有16层的数据,按一下"换位角"键可进入第一层换位角度的设置状态,要改变数据,可以利用数据加减键来改变相应位的数值。设置好本层的换位角后,再按一次"换位角"键,将会保存该层的速度数据,并调出下一层的换位角数据供用户修改,一直往下按"换位角"键,直至所有层的速度设置完毕即可。对于不要加工的层和最后一层,换位角数据不用理会。如果前面的换位角已设置完成,也可按机器上的"复位"键复位机器,退出换位角设置。

(6)内转角度。当某一层的板数为2板时,且此2板之间的转角不等于180°时,要设置此2板之间的转动角度,这个角度叫内转角。利用"内转角"键进行设置。设置方法同上面各参数。只有该层的板数为2板时,内转角的设置才有用。如果该层的板数为2板时,设置内转角为0°,则按2板之间的转角等于180°来处理。

(7)功能选择。机器所有的功能设置在此完成。机器要设置的功能项目如下。

①工作模式:个位数为"0"时为抛光工作模式;个位数为"1"时为打砂工作模式;个位数为"3"时为打尖工作模式;个位数为"4"时为八角手旋转圈尖工作模式。如果只有个位数设置了"1",则完成全部层的一次打板工作过程;如果个位数设置了"1"百位数不为"0"时,则机器会先进行百位数所指定的次数的打尖操作,然后才完成全部层的一次打板工作过程。如"201",机器会进行两次打尖操作后再进行打板。

个位数为"3"时将从第一层开始以打板方式打尖,打多少层得看哪一层的板数设置超过了100板,到了板数设置超过100板的层就停止打尖工作。如果哪里板数设置超过了100板,机器不理会百位数的值,以十位和个位数的板数作为加工的板数,如某一层设置板数为116板,则实际只打16板,而百位数"1"表示打尖时到该层结束,以后的层不在打尖的范围。打尖的次数由工作模式的百位数决定,如工作模式设置了"203",则表示打尖操作进行两次。

在八角手旋转圈尖工作模式,百位数决定圈尖的旋转周数。

②整体着盘:此项设置实际上是设置影响着盘高度的机械高度,此高度设置值

越大,离实际工作高度越近,八角手上升的高度就越少,用户感觉宝石着盘力度就越重。整体着盘的值不能大于实际工作高度值,否则机器不工作,并提示用户重新设置此值。此值越小,离实际工作高度就越远,八角手上升的高度就越多,用户感觉宝石着盘力度就越轻。

③接线角度:宝石第一板着盘时,八角手转角离定位点的角度。此角度可以调节宝石加工时冠部与亭部各刻面的接线。

④首板补偿。为了保证第一层各板位的大小一致,第一板通常要打慢一些,使得第一板板位不至于太小,首板补偿就是为此而设。此项数据取值范围为 0~99%,表示首板加工时比正常速度慢的百分率,如设置为 30,则打首板时会比正常打其他板时速度慢 30%。

⑤末板补偿。为了保证第一层各板位的大小一致,最后一板通常要打快一些,使得最后一板板位不至于太大,末板补偿就是为此而设。此项数据取值范围为 0~99%,表示末板加工时比正常速度快的百分率,如设置为 20,则打末板时会比正常打其他板时速度快 20%。

⑥圈尖角度:设置在砂盘进行圈尖时,宝石棒与磨盘平面的角度。

⑦形状类型。本机器内可以存 32 种宝石参数,不同的形状存的位置不同,通过形状类型选择用户要加工的相应形状的数据。

⑧圈尖位置:指定圈尖时在砂盘的什么位置进行圈尖。

⑨清洁位置。打板加工结束后,宝石上不可避免的粘有加工过程产生的粉末,为了避免打板过程中产生的粉末通过宝石带到抛光盘,影响抛光效果,进行抛光工序前,要先使八角手在指定的放置有清洁海绵的位置转两圈,以清除宝石上的粉末,放置有清洁海绵的位置叫做清洁位置。

⑩清光距离:清洁位置与抛光起点的距离。

⑪砂盘厚度。

7. 打砂位置

设置每层打砂操作时的工作位置。砂盘旋转时,砂盘上径向各点的线速度是不同的,打砂位置越近砂盘的中心,砂盘线速度越慢,磨去的部分就越少,磨出的板位就小,反之,打砂位置越远离砂盘的中心,砂盘线速度越快,磨去的部分就越多,磨出的板位就大。这样可以使用户方便地控制板位的加工,磨出漂亮的宝石。本机最多可以加工 16 层,在工作模式个位数不为"0"的打砂工作模式下,在按一下"换位角"键可进入第一层打砂位置的设置状态,要改变数据,可以利用数据加减键来改变相应位的数值。设置好本层的打砂位置后,再按一次"换位角"键,将会保存该层的打砂位置数据,并调出下一层的打砂位置数据供用户修改,一直往下按"换位角"键,直至所有层的打砂位置设置完毕即可。对于不要加工的层,打砂位置数据不用理会。如果前面的打砂位置已设置完成，也可按机器上的"复位"键复位机器，退出打砂位置设置。常见各种宝石刻磨形状，如表9-3所示。储存器的编码从"0单元"开始。

表9-3 常见各种宝石刻磨形状

形状号	形状名称	图形
0	圆形面	
1	圆形底	
2	十心十箭圆形面	

续表 9-3

形状号	形状名称	图形
3	十心十箭圆形底	
4	方形面	
5	方形底	

续表 9-3

形状号	形状名称	图形
7	五角梅花形面	
8	五角梅花形底	
9	三角形面	

续表 9-3

形状号	形状名称	图形
10	三角形底	
11	倒角三角形面	
12	倒角三角形底	

续表 9-3

形状号	形状名称	图形
13	足板马眼面	
14	足板马眼底	
15	长方形面	
16	长方形底	
17	八角梨形面	

续表 9-3

形状号	形状名称	图形
18	八角梨形底	(图形：带编号 111、112、101、102、92、41、42、51、11、12、91、22、21、52、82、31、61、81、72、71、62)

六、数控式排磨机

数控式排磨机简称排机，是手用微型计算机控制的刻面宝石自动化加工设备，加 28mm 标准圆形一次可加工 60 粒，加工 3mm 以下标准圆形一次可加工 200 粒，每天每人可加工十万粒左右。排磨机由刻磨机、抛光机、粘石机、反石机组成。

磨盘由磨盘电机驱动，宝石的角度由摆角步进电机和整体升降步进电机配合完成，宝石的转角由转角步进电机带动铝排的蜗杆，蜗杆带动蜗轮粘石转动，为了能使宝石的加工质量提高，铝排增加了一个往磨盘中心来回移动的步进电机（图 9-32）。

1. 粘石机

粘石机的结构原理如图 9-33 所示。

在粘石机的平台上固定粘石模板，粘石模上放置石坯，已装夹好的铝排可沿主轴上下移动（数控），铝排上的每根杆的前端已上好热熔胶。当杆的前端碰到石坯时，外加热源开始加热。在原先设定的加热时间内把石坯粘好。

2. 铝排

铝排是排机最为重要的部件，因为基体是铝质材料，故叫铝排（图 9-34）。

在基体里面由一条埚杆驱动若干条带埚轮的粘石杆，杆的另一端粘需加工的宝石了。动力（由步进电机供给）通过联轴节输入。

杆的条数和直径随所加工的宝石的大小而不同。

3. 模版

粘石模板简称模板，要跟铝排配合使用，它们之间的孔与孔、杆与杆的中心距是一样的。模板的厚度一般在 1.5~3mm 之间。视石坯的大小而不同。其外形参看图 9-35。

第九章　刻面宝石刻磨抛光

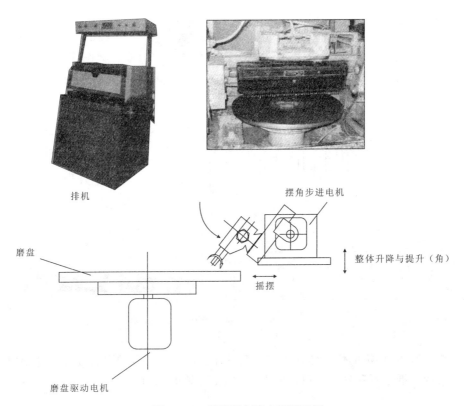

图 9-32　排磨机刻磨宝石原理图

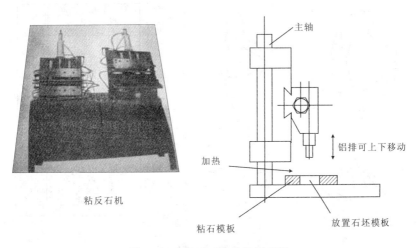

图 9-33　粘反石机及其原理图

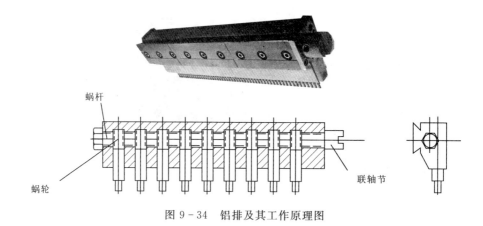

图 9-34　铝排及其工作原理图

图 9-35　粘石模板

如前所述,排机的优势体现为在琢型设计里面不受层数的限制,所以它所琢磨的宝石的图纸是不一样的。可以参看图(9-36、图9-37)。

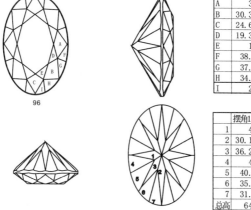

OV 4X6	冠部				
	摆角1	转角1	转角2	转角3	转角4
A	34	90	270		
B	30.35	56.25	123.75	236.25	303.75
C	24.63	360	180		
D	19.38	75	105	255	285
E	15	33.75	146.25	213.75	326.25
F	38.6	82.5	97.5	262.5	277.5
G	37.5	67.5	112.5	247.5	292.5
H	34.3	45	135	225	315
I	29	15	165	195	345

亭部					
	摆角1	转角1	转角2	转角3	转角4
1	41	90	270		
2	30.12	360	180	0	0
3	36.23	60	120	240	300
4	42	82.5	97.5	262.5	277.5
5	40.2	67.5	112.5	247.5	292.5
6	35.2	45	135	225	315
7	31.6	15	165	195	345
总高	64%				

图 9-36　粘石模板

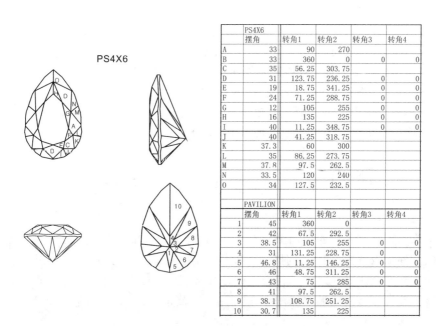

PS4X6 摆角	转角1	转角2	转角3	转角4
A	33	90	270		
B	33	360	0	0	0
C	35	56.25	303.75		
D	31	123.75	236.25	0	0
E	19	18.75	341.25	0	0
F	24	71.25	288.75	0	0
G	12	105	255		
H	16	135	225		
I	40	11.25	348.75	0	0
J	40	41.25	318.75		
K	37.3	60	300		
L	35	86.25	273.75		
M	37.8	97.5	262.5		
N	33.5	120	240		
O	34	127.5	232.5		

PAVILION 摆角	转角1	转角2	转角3	转角4
1	45	360			
2	42	67.5	292.5		
3	38.5	105	255	0	0
4	31	131.25	228.75	0	0
5	46.8	11.25	146.25	0	0
6	46	48.75	311.25	0	0
7	43	75	285	0	0
8	41	97.5	262.5		
9	38.1	108.75	251.25		
10	30.7	135	225		

图 9-37 千禧工加工设备

要注意的是,图纸上的椭圆形的摆向(竖向)跟传统的不一样,这是因为要与粘石的模板的方向一样的缘故。

第三节 宝石加工中的辅助材料

1. 水在宝石加工中的作用
(1)在刻磨宝石时,要有足够的水分冷却宝石以防止宝石坯料发热产生裂纹。
(2)在刻磨宝石时,要有足够的水分冷却宝石以防止宝石坯料发热引起胶体软化。
(3)冲走刻磨过程中留下的粉末。
2. 砂纸在宝石加工中的作用
(1)把抛光粉压入盘的基体里。
(2)修盘。
(3)把盘中的粉调压平衡。
(4)把多余的抛光粉和修盘时的残留物刮走。

3. 抛光油在宝石加工中的作用
(1)调和抛光粉。
(2)起润滑作用保护抛光盘。
(3)使抛光粉均匀地分布在抛光盘上。
4. 原生天然纤维纸(卫生卷筒纸)在宝石加工中的作用
(1)擦干净盘中多余的抛光粉和油。
(2)剩下最后一层粉插在抛光盘中抛光的粉。

第四节　千禧工加工工艺及设备

千禧工宝石款式也叫凹面型宝石款式,它是刻面型宝石款式加工方法中延伸出来的一种加工方法,两者区别在于:前者刻面型宝石款式的加工是采用电镀金刚石微粉平面磨盘。抛光时手用锌合金硬度抛光盘,后者采用电镀金刚石微粉圆棒抛光时采用锌合金硬质抛光棒配合金刚石微粉抛光,加工出来的是一个个内凹面的弧形小面。

千禧工宝石款式由于加工的是一个个弧形小面,可以聚敛反射的光线,使得从宝石内部反射的光线和火彩都比刻面型宝石款式的要强,转动宝石,流光溢彩,璀璨夺目,十分耀眼,惹人喜爱,成为当今宝石中最为流行的宝石款式。

一、加工设备

加工设备如图 9-38 所示。

二、加工工艺

1. 切料、定型

根据生产要求,先用切料机切出三角形的料,并在半自动圈形机上定型生产出符合尺寸要求的毛坯料。

2. 粘石

将包有宝石粘胶的宝石粘杆在酒精灯下使宝石粘胶烤热溶化变软,再将宝石毛胚料粘于粘杆上。粘杆上胶体大小可根据宝石款式大小而定,宝石坯料大,胶体取大些;宝石坯料小,胶体取小些。

宝石粘于粘杆上后,要检查是否出现歪斜、宝石中心线与粘杆中心线是否重合或胶体太多等现象。出现问题时应当及时纠正。

图 9-38 千禧工加工设备

3. 宝石刻磨及抛光

宝石上杆完成后插入机械手中,为了加快成品的刻磨效率,可在普通宝石机上按圆钻形冠部的刻面加工规律,用 320# 粗砂盘磨出平面型小翻面。在凹面机钻夹头上安装电镀 800# 金刚石微粉棒,启动主机和微型电机,按圆形刻磨规律在凹面机上刻磨出一个个内凹弧面型小面来,加工时注意用海绵粘水冷却,以防宝石加工时受热爆裂。

刻磨工序完成后,换上锌合金抛光棒,配合金刚钻石抛光粉,重复一次刻磨工序即可完成冠部的抛光。

宝石冠部刻磨和抛光完成后,即可将宝石从粘杆上取出,并反转粘于粘杆上,进行亭部的刻磨和抛光。

三、加工设备的关键技术问题

千禧工宝石款式加工在工艺上需要有熟练的技能,同时在设备性能要求上也较高,其关键技术问题如下。

(1)加工电机采用二级变速,针对不同大小宝石,使用不同速度加工。磨小宝石时用低速档,磨大宝石时用高速档,电机转速控制在 $5\,000\sim6\,000\,r/min$ 最佳,此时抛光的宝石光亮度好、效率快。

(2)左右移动微型电机的转速控制在 $20\,r/min$,以保证刻磨和抛光的精度和效率。微型电机主要带动微型工作台往复运动,转速太快会使微型工作台跳动厉害,影响刻磨和抛光精度,太慢则影响工作效率。

(3)宝石刻磨时,必须放在卡位上进行,卡位把宝石控制在圆棒轴线上,保持磨出的刻面大小均匀。因为圆棒直径小,如果出现移位,将造成刻面凹面精度下降,磨出刻面大小不均匀。

(4)微型工作台运动的中心线必须与主轴中心线平行,否则刻磨出来的凹面出现歪斜或变形现象。

千禧工宝石款式如果加工方法不同,将会出现不同的千禧工款式,有的宝石冠部和亭部都是弧面型加工的千禧工,也有冠部是刻面型宝石加工的一个个小平面,亭部为弧面型加工的千禧工。款式千变万化,如星形、放射形、菊花形、螺旋形等,显得既时尚,加上宝石的流光异彩,深受消费者喜爱。

课后思考题

1. 简述宝石平面磨削机理。
2. 宝石平面磨削工艺因素有哪些？具体内容是什么？
3. 宝石平面抛光的工艺因素有哪些？具体内容是什么？
4. 宝石加工过程中如何选择研磨盘和抛光盘？
5. 怎样加工各种磨盘？
6. 试述宝石平面粗磨工艺过程。
7. 试述宝石平面细磨工艺过程。
8. 试述宝石平面精磨工艺过程。
9. 试述宝石平面抛光工艺过程。
10. 抛光宝石平面常有哪些质量问题？它们产生的原因是什么？
11. 为什么宝石加工中工件尺寸精度越高、光洁度等级越高而所用的磨料就越细？
12. 磨削加工有哪些特点？

第十章 弧面、珠形宝石的加工

弧面、珠形宝石是指主要由弧面组成的宝石成品,有的商家称之为素面宝石。素面宝石都是用半透明至不透明的宝石材料加工而成,其加工特点是能充分展示宝玉石表面的光泽和特殊光学效应。

第一节 素面形和链珠形宝石品种

素面珠形宝石的品种主要有圆柱、方柱、球体、梨形、马眼、椭圆、圆形(图10-1)。链珠形宝石品种主要有椭圆珠、腰鼓形、圆珠、桶形、滴水形(图10-2)。此外还有异形宝石品种(图10-3)。

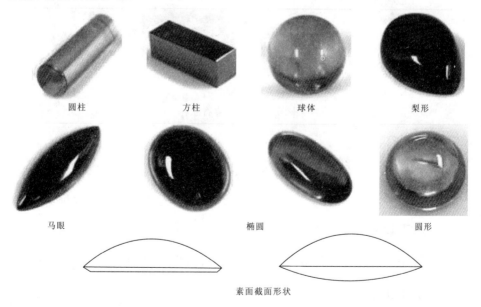

图 10-1 素面珠形宝石品种

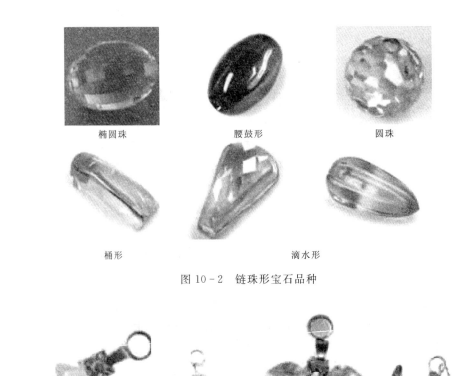

椭圆珠　　　　　腰鼓形　　　　　圆珠

桶形　　　　　　滴水形

图 10-2　链珠形宝石品种

图 10-3　异形宝石品种

第二节　加工设备及工艺

一、加工设备

加工设备主要有切石机、围型机、振动抛光机和辅助工具。

二、加工工艺

1. 素面宝石加工工艺流程

(1) 单粒素面宝石加工工艺流程为:切石→冲坯→磨底→粘石→研磨围形→精

磨→抛光→脱石→清洗。

(2)大批量素面宝石加工工艺流程为:切石→围型→磨尖头→振动抛光→清洗。

(3)大批量素面珠型宝石加工工艺流程为:切石→围型→磨尖头→打孔→振动抛光→清洗。

第三节 珠形宝石的钻孔

珠形宝石加工完成后,对产品钻孔,再用线串起来,组成手链或项链。

珠形宝石钻孔设备包括高速钻床(图10-4)和超声波打孔机(图10-5)。

1. 高速钻床

高速钻床主要用于珠形、随意形和小雕件的钻孔。

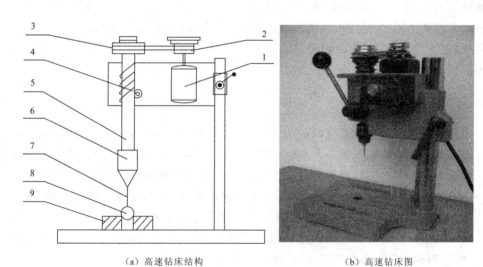

(a) 高速钻床结构　　　　　　(b) 高速钻床图

图10-4 高速钻床

1.电动机;2.皮带;3.带轮;4.钻孔装置;5.主轴;6.钻头夹具;7.钻头;8.珠形宝石;9.夹具

2. 超声波打孔机

超声波打孔机分为单头超声波打孔机和多头超声波打孔机。

多头超声波打孔机与单头超声波打孔机结构原理一样,不同之处是功率大,变幅杆可以焊接多个钢针,一次性可以打多粒宝石孔。

第四节　内孔抛光技术

宝玉石经过打孔后,特别是透明、半透明的珠形宝石,孔的粗糙纹理很清晰,影响手链或项链的美观程度,所以要对内孔进行抛光。内孔的抛光目的是去除打孔时产生的凹凸层和裂纹层,得到要求的表面光洁度。

一、内孔抛光设备、工具及抛光工艺

内孔抛光设备为振动抛光机,工具有波纹铜丝,抛光工艺流程为:把珠用波纹铜丝串起来(5～10粒一串),将铜丝两端扣死,不让珠掉下来,放抛光粉在振动抛光机料斗内就可以开机抛光了。

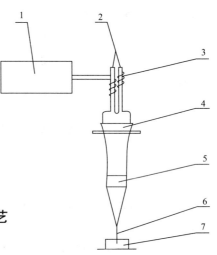

图10-5　超声波打孔机结构示意
1. 超声波发生器;2. 线圈;3. 磁铁;
4. 换能器;5. 变幅杆;6. 钢针;7. 宝石

二、内孔抛光机理

第一阶段去除宝玉石孔内的凹凸层,第二阶段去除裂纹层。内孔抛光时,金刚粉及抛光液被波纹铜丝推挤,一部分磨粒被挤压到波纹铜丝的凹陷处,处于孔表面的大量游离磨粒在波纹铜丝相对于宝玉石内孔运动时被推拉、振动、推滚,推滚作用与孔表面凹凸层顶峰相碰撞,但由于波纹铜丝质软,工作时处于弹性浮动状态,因而切屑作用较微弱,只在被加工表面留下较浅的划痕,所以抛光时间较长。随着震动、推拉作用,磨粒在波纹铜丝表面越积越多,致使波纹铜丝具有一定的微切屑作用,这时抛光进行得比较迅速,孔表面光洁度得到很快提高。

课后思考题

1. 简述内孔抛光机理。
2. 硬质材料的打孔设备有什么要求?
3. 振动抛光设备在素面宝玉石抛光中应用广泛,简述振动抛光机工作原理。

第十一章　宝石加工的质量分析

第一节　常见的产品缺陷及成因

1. 崩、裂、烂

定义:产品有缺口,缺口部分有玻璃碎光,或内部有裂纹,裂纹分如下两种。

(1)明裂:产品内部存在而且肉眼观察到其裂面的裂纹。如图 11-1 所示。

(2)棉裂:产品内部存在,肉眼不易见到其裂面的细小裂纹。

裂纹一般是磨石操作不当或开石坯操作不当引起,内应力导致裂纹的情况较为少见。

图 11-1　明裂

2. 气泡、杂质

气泡和杂质为宝石内部包含物,是在生产石料过程中形成。

3. 大蒙

产品毫无光泽,一片白色。没有抛光或抛光不到,大都是光盘抛光区的表面含有大量的抛光粉形成。

4. 歪尖

产品底尖偏离中心线的现象称歪尖。主要成因是翻石不正,粘石时歪了。如图 11-2 所示。

5. 失圆

产品(圆形产品)腰线圆周和各向半径不相等,或杂形产品形状不标准,称失圆。是由石坯形状不好或手工光边不当造成。如图 11-3 所示。

6. 铲边

铲边指产品腰线全部或部分被磨掉的缺陷。一般是翻石不正或亭部圈尖(预形)过度形成。如图 11-4 所示。

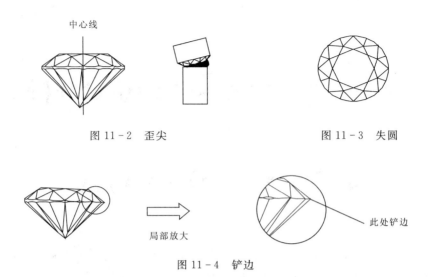

图 11-2 歪尖　　　　图 11-3 失圆

图 11-4 铲边

7. 厚边

腰厚指产品中直径最大圆周的上、下高度。腰厚一般为 0.2mm 左右，明显超过 0.2mm 则为厚边，是磨石圈边时留边不当造成。如图 11-5 所示。

图 11-5 厚边

8. 砂孔

产品刻面存在微小的黑色、褐色或白色点状缺陷称砂孔（图 11-6）。因抛光不干净形成，也称麻点。

图 11-6 砂孔

9. 砂界

产品刻面之间交接线呈白色或褐色线状的缺陷称砂界（图 11-7），因抛光不到形成。

10. 蒙

产品刻面不够光亮，肉眼可见暗灰白色称蒙，一般是抛光不好造成。

图 11-7　砂界

11. 台面大小不当

产品台面应占粒径的 50%～60%，过大或过小均为不当，一般是磨石位置不对或力度不当造成。如图 11-8 所示。

(a)过大台面　　　　　　　　　(b)过小台面

图 11-8　台面大小不当

12. 漏光

产品亭部角太小、亭部不够高的缺陷称为漏光。一般是磨石时升降台位置太高造成。如图 11-9(a)所示。

13. 黑底

产品亭部角太大、亭部过高的缺陷称为黑底。一般是磨石时升降台位置太低造成。如图 11-9(b)所示。

(a) 漏光　　　　　　　　　　　(b) 黑底

图 11-9　漏光(a)和黑底(b)

14. 分板

产品在一个理想刻面出现两个或两个以上刻面的缺陷称为分板。一般是操作不当或设备精度不高造成。如图 11 - 10 所示。

图 11 - 10　分板

15. 拖板

产品相邻刻面交接部位不起棱角而呈圆弧状的缺陷称为拖板。拖板大都是用八角手琢磨宝石时产生的现象，其原因是琢磨相邻两个刻面时八角手没有足够的提升就转过来了。如图 11 - 11 所示。

图 11 - 11　拖板

16. 不收尖

产品无底尖的缺陷称不收尖。一般是石坯高度不够造成。如图 11 - 12 所示。

17. 尺寸大小不当

无特殊要求时，产品规格大小误差超过 0.05mm 的缺陷称大小不当。是抛光不好造成。

18. 蒙界

产品刻面交界线不够光亮，肉眼可见类似灰白色线条的缺陷称蒙界。是抛光不好造成。

图 11 - 12　不收尖

19. 轻微蒙

产品刻面较光亮，无肉眼可见灰白色，但放大镜检查可见灰白色的缺陷称轻微蒙。是抛光不好造成。

20. 星撞

产品中相邻星刻面之间角与角过度相接的现象称星撞，一般是磨石力度不当或设备精度不高造成。如图 11 - 13 所示。

图 11-13　星撞

21. 星离

产品中相邻星刻面之间角与角不相接的现象称星离,一般是磨石力度不当或设备精度不高造成。如图 11-14 所示。

图 11-14　星离

22. 星腰撞

产品中相邻星版刻面与腰版反刻面之间角与角过度相接的现象称星腰撞,一般是磨石用力不当或角度不当造成。如图 11-15 所示。

图 11-15　星腰撞

23. 星腰离

产品中相邻星版刻面与腰版刻面之间角与角不相接的现象称星腰离,一般是磨石用力不当或角度不当造成。如图 11-16 所示。

图 11-16　星腰离

24. 腰撞（起脚）

产品一个冠部主刻面（亭部主刻面）两旁的两个下腰小面之间角与角过度相接的现象称为腰撞或起脚。一般是磨石力度不当或是设备精度不高造成。如图 11 - 17 所示。

图 11 - 17　腰撞（起脚）

25. 腰离（穿边）

产品一个冠部主刻面（亭部主刻面）两旁的两个上（下）腰小面之间角与角不相接的现象称为腰离或（穿边），一般是磨石力度不当或是设备精度不高造成。如图 11 - 18 所示。

图 11 - 18　腰离（穿边）

26. 收尖不好

产品（圆形产品）亭部八个主刻面于底尖不交汇成一点的缺陷称收尖不好，一般是磨石力度不当或设备精度不高造成。如图 11 - 19 所示。

图 11 - 19　收尖不好

27. 花尖

产品底尖有点状小伤痕或底尖附近的棱线上碰花(呈条状不连续)的现象称花尖(图 11-20)。往往是磨底尖、洗石、抹石、包装操作不当造成。

28. 伤石

产品的刻面中有条状划痕的现象称伤口(图 11-21)。一般是磨石操作不当造成。

29. 多板

产品刻面多于原设计刻面数称为多板(图 11-22)。是操作不当造成。

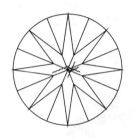
图 11-20　花尖

图 11-21　伤石(灰色部分)

图 11-22　多板

第二节　宝石的质量检验

一、宝石质量检验工具

检验宝石质量的常用工具、材料有毛巾(图 11-23)、镊子(图 11-24)、放大镜(图 11-25)、卡尺(图 11-26)等。

二、人工宝石质量分级

(一)技术标准

圆钻形产品的规格以圆的直径计,异形产品以短轴、长轴计,规格尺寸为 1~110mm,各级宝石尺寸允许偏差如表 11-1 所示。

图 11-23　毛巾　　　　　　　　图 11-24　镊子

图 11-25　放大镜

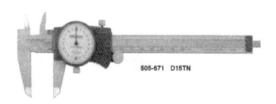

图 11-26　卡尺

表 11-1　各级宝石尺寸允许偏差表

规格尺寸(mm)	AAA	AA	A	B	C	D
1~2	±0.03	±0.04	±0.05	±0.07	±0.10	±0.12
2~5	±0.03	±0.05	±0.05	±0.07	±0.10	±0.15
5~25	±0.05	±0.05	±0.05	±0.10	±0.10	±0.18
25	±0.10	±0.10	±0.10	±0.20	±0.20	±0.20

(二)各级宝石检验标准

1. AAA级宝石检验标准

(1)尺寸准确(见表11-1)、光度透,用10倍放大镜检查,刻面表面应无灰白色雾状抛光痕,圆整度好,比例合适,板面均匀。

(2)无铲边、歪尖、蒙、砂界、砂孔、漏光、黑底、厚边、失圆、不收尖、蒙界、分板、拖板等缺陷。

(3)对称:无星撞、星离、星腰撞、星腰离、腰撞、腰离等缺陷。冠部主刻面呈风筝面;收尖优。

2. AA级宝石检验标准

(1)尺寸准确(见表11-1)、光度透,用10倍放大镜检查,刻面表面应无灰白色雾状抛光痕,圆整度好,比例合适,板面均匀。

(2)无铲边、歪尖、蒙、砂界、砂孔、漏光、黑底、厚边、失圆、不收尖、蒙界、分板、拖板等缺陷。

(3)允许极轻微星腰撞、腰撞、腰离,不允许星腰离;或无星腰撞、星腰离、腰撞、腰离,允许轻微星撞,不允许星离。冠部主刻面呈风筝面;收尖优。

3. A级宝石检验标准

(1)尺寸准确(见表11-1)、光度透,用10倍放大镜检查,刻面表面应无灰白色雾状抛光痕,圆整度好,比例合适,板面均匀。

(2)无铲边、歪尖、蒙、砂界、砂孔、漏光、黑底、厚边、失圆、不收尖、蒙界、分板、拖板等缺陷。

(3)允许轻微星腰撞、腰撞、腰离,不允许星腰离;或无星腰撞、星腰离、腰撞、腰离,允许轻微星撞。不允许星离,冠部主刻面呈风筝面;收尖优。

4. B级宝石检验标准

(1)较光亮,允许有轻微蒙、蒙界,微小砂孔,轻微歪尖,较圆整。

(2)不允许有较明显铲边、不收尖、分板、托板等缺陷。

(3)允许不明显的星撞、星离、星腰撞、星腰离、腰撞、腰离。

5. C级宝石检验标准

(1)蒙、砂孔、砂界等缺陷严重。

(2)铲边、歪尖、失圆、分板、拖板等缺陷较明显。

6. D级宝石检验标准

(1)蒙、砂孔、砂界等缺陷严重。

(2)铲边、歪尖、失圆、分板、拖板等缺陷较严重,有不收尖或多板现象。

7. E级宝石检验标准

指有崩、裂、烂或杂质、气泡或大蒙等,以及D级最严重者,也称为废石。

(三)市场分级方法

目前梧州市场上的宝石分级一般采用以下方法(特殊要求例外)

AAA货:AAA级。

A货:A级、AA级、AAA级。

AB货:A、B级各占50%。

统上货:A、B级占80%,C级占20%。

统下货:A级占10%,B、C级占90%。

BC货:B、C级。

次石:D级。

废石:E级。

(四)成品、次品分级方法

成品与次品是相对而言的,达到合同要求的产品是成品,达不到合同要求的产品是次品。

如合同要求的是A货,则A、AA、AAA都是成品,B级以下(含B级)的产品均是次品。

课后思考题

1. 叙述各种清洗方法优缺点。
2. 清洗工序有哪些注意事项?

参考文献

GB/T 16553—2003 珠宝玉石鉴定[S].
GB/T 4457.4—2002 机械制图 图样画法[S].
陈炳忠.千禧工宝石款式的加工设备及工艺[J].中国宝玉石,2008,72(4):104-105.
陈炳忠.梯形人工宝石石坯快速成型设备工艺[J].中国宝玉石,2008,73(5):98-99.
邓燕华.宝玉石矿床[M].北京:北京工业大学出版社,1991.
姜晓平.刻面宝石设计与加工工艺学[M].武汉:中国地质大学出版社,2008.
李娅莉.宝石学教程[M].武汉:中国地质大学出版社,2011.
刘自强.宝石加工工艺学[M].武汉:中国地质大学出版社,2011.
吕林素.实用宝石加工技术[M].北京:化学工业出版社,2007.
夏旭秀.宝玉石检验实训[M].武汉:同济大学出版社,2010.
熊毅、陈炳忠.基于DSP宝石加工机械手控制系统设计与实现[J].组合机床与自动化加工技术,2011.
熊毅、陈炳忠.基于DSP宝石加工机械手控制系统设计与实现[J].组合机床与自动化加工技术,2011(8):56-59.
周汉利.宝石琢型设计及加工工艺学[M].武汉:中国地质大学出版社,2009.